Brigitte Penzenstadler

Mathetraining in 3 Kompetenzstufen

Band 2: Brüche, Dezimalzahlen, Terme und Gleichungen, 5./6. Klasse

Die Autorin:

Brigitte Penzenstadler studierte Lehramt an der Universität Passau und unterrichtet an einer Mittelschule.

Gedruckt auf umweltbewusst gefertigtem, chlorfrei gebleichtem und alterungsbeständigem Papier.

4. Auflage 2018
© 2012 Persen Verlag, Hamburg
AAP Lehrerfachverlage GmbH
Alle Rechte vorbehalten.

Das Werk als Ganzes sowie in seinen Teilen unterliegt dem deutschen Urheberrecht. Der Erwerber des Werkes ist berechtigt, das Werk als Ganzes oder in seinen Teilen für den eigenen Gebrauch und den Einsatz im Unterricht zu nutzen. Die Nutzung ist nur für den genannten Zweck gestattet, nicht jedoch für einen weiteren kommerziellen Gebrauch, für die Weiterleitung an Dritte oder für die Veröffentlichung im Internet oder in Intranets. Eine über den genannten Zweck hinausgehende Nutzung bedarf in jedem Fall der vorherigen schriftlichen Zustimmung des Verlages.

Sind Internetadressen in diesem Werk angegeben, wurden diese vom Verlag sorgfältig geprüft. Da wir auf die externen Seiten weder inhaltliche noch gestalterische Einflussmöglichkeiten haben, können wir nicht garantieren, dass die Inhalte zu einem späteren Zeitpunkt noch dieselben sind wie zum Zeitpunkt der Drucklegung. Der Persen Verlag übernimmt deshalb keine Gewähr für die Aktualität und den Inhalt dieser Internetseiten oder solcher, die mit ihnen verlinkt sind, und schließt jegliche Haftung aus.

Satz: Satzpunkt Ursula Ewert GmbH

ISBN 978-3-403-23021-2

www.persen.de

Inhaltsverzeichnis

Vorwort 4

I Brüche

Kompetenzstufe A
Brüche – Memory (Erweitern/Kürzen) 5
Brüche addieren 9
Brüche subtrahieren 10
Bingo – Brüche multiplizieren 11
Bruchdivisionsnetz 13

Kompetenzstufe B
Brüche – Memory (Erweitern/Kürzen) 14
Brüche addieren 18
Brüche subtrahieren 19
Bingo – Brüche multiplizieren 20
Brüche dividieren 22

Kompetenzstufe C
Brüche – Memory (Erweitern/Kürzen) 23
Brüche addieren 27
Brüche subtrahieren 28
Bingo – Brüche multiplizieren 29
Brüche dividieren 31

II Dezimalzahlen

Kompetenzstufe A
Dezimalzahlensudoku 32
Stellenwerttafel 33
T – H – Z – E – z – h – t 34
Dezimalzahlen addieren 35
Dezimalzahlen subtrahieren 36
Dezimalzahlen multiplizieren 37
Dezimalzahlen dividieren 38

Kompetenzstufe B
Dezimalzahlensudoku 39
Stellenwerttafel 40
Dezimalzahlen ordnen 41
Dezimalzahlen addieren 42
Dezimalzahlen subtrahieren 43
Dezimalzahlen multiplizieren 44
Dezimalzahlen dividieren 45

Kompetenzstufe C
Dezimalzahlensudoku 46
Dezimalzahlen ordnen 47
– 0,001 und + 0,001 48
Dezimalzahlen addieren 49
Dezimalzahlen subtrahieren 50
Dezimalzahlen multiplizieren 51
Dezimalzahlen dividieren 52

III Terme und Gleichungen

Kompetenzstufe A
Terme berechnen 53
Terme ordnen und zusammenfassen 54
Gleichungen lösen 55
Fehlerhafte Gleichungen 56
Gleichungen erstellen 57

Kompetenzstufe B
Terme berechnen 58
Terme ordnen und zusammenfassen 59
Gleichungen lösen 60
Fehlerhafte Gleichungen 61
Gleichungen erstellen 62

Kompetenzstufe C
Terme berechnen 63
Terme ordnen und zusammenfassen 64
Gleichungen lösen 65
Fehlerhafte Gleichungen 66
Gleichungen erstellen 67

Lösungen 68

Abbildungsverzeichnis 91

Vorwort

Liebe Kolleginnen und Kollegen,

sicher rechnen zu können, gehört zu den elementaren Fähigkeiten und bildet eine wichtige Basis für den schulischen sowie beruflichen Erfolg. Durch regelmäßiges, planmäßiges Training werden mathematische Fertigkeiten sukzessive und nachhaltig gefestigt.

Im vorliegenden Werk finden Sie Hilfestellungen in drei verschiedenen Schwierigkeitsstufen, die der Heterogenität der Schülerinnen und Schüler Rechnung tragen und diese entsprechend ihrer bereits vorhandenen Kompetenzen fördern.

Im **grundlegenden Niveau** (Kompetenzstufe A) steht durch kleinschrittiges Vorgehen und abwechslungsreiche Übungsaufgaben die Vermittlung von Basiskompetenzen im Vordergrund. Dadurch erhalten auch Leistungsschwächere die Möglichkeit, bessere Ergebnisse zu erzielen.

Schülerinnen und Schüler, die grundlegende Aufgaben bereits eigenständig lösen können, finden im **qualifizierenden Niveau** (Kompetenzstufe B) eine Vielzahl von motivierenden Anregungen.

Das **weiterführende Niveau** (Kompetenzstufe C) dagegen bietet Leistungsstarken die Gelegenheit, ihre Kompetenzen weiterhin zu festigen und zu vertiefen.

Auf diese Weise werden die Stärken ihrer Schülerinnen und Schüler entwickelt bzw. deren Schwächen reduziert.

Die zahlreichen differenzierenden Übungsaufgaben, die sämtliche wichtigen Bereiche der Mathematik in der 5. und 6. Jahrgangsstufe abdecken, tragen dazu bei, die mathematischen Fertigkeiten zu optimieren. Durch die wechselnden Aufgabenformen und durch die Möglichkeit der Selbstkontrolle ist eine gezielte Förderung – auch im Klassenverband – ohne Mehraufwand von Seiten der Lehrkraft möglich. Die direkt einsetzbaren, lehrwerksunabhängigen Kopiervorlagen aktivieren das Vorwissen, verbessern die mathematischen Kompetenzen und können weitgehend ohne unmittelbare Hilfe bearbeitet werden. Spielerische Aktivitäten tragen zudem dazu bei, Spaß am Umgang mit der Mathematik zu vermitteln und die Lernbereitschaft zu fördern. Die Lösungsblätter unterstützen Sie bei der täglichen Unterrichtsvorbereitung.

Ich hoffe, mithilfe des vorliegenden Buches, die mathematischen Kompetenzen Ihrer Schülerinnen und Schüler zu trainieren und Sie zu weiteren Ideen anzuregen.

Viel Spaß und Erfolg beim Ausprobieren.

Brigitte Penzenstadler

Brüche-Memory

(für 2 bis 5 Personen)

Schneide die Karten einzeln aus. Mische die Karten und lege sie mit der bedruckten Seite nach unten auf den Tisch. Der erste Spieler deckt zwei Kärtchen auf. Sind auf den beiden Kärtchen gleiche Brüche abgebildet, darf der Spieler die Karten behalten. Dabei muss der Spieler immer einen Bruch in Ziffern aufdecken und einen in Kästchen dargestellten Bruch. Handelt es sich nicht um die gleichen Brüche, müssen die aufgedeckten Karten an derselben Stelle wieder umgedreht werden und der nächste Spieler ist an der Reihe. Dies wird so oft wiederholt, bis alle Paare gefunden worden sind. Gewonnen hat der Spieler, der am Ende die meisten Paare gesammelt hat.

Tipp: Karten auf festen Untergrund kopieren.

Viel Spaß!

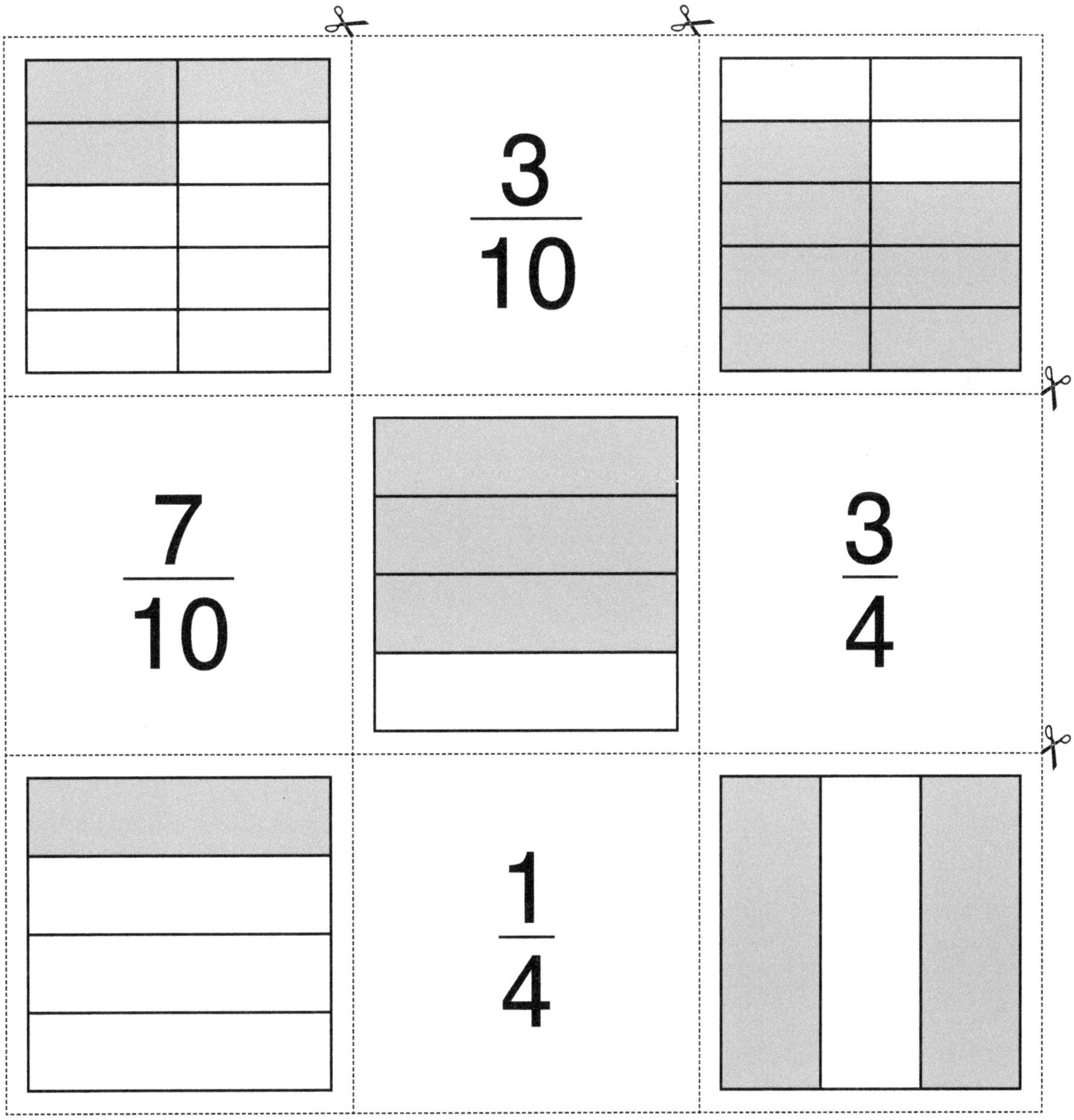

Brüche

$\frac{2}{3}$	[Rechteck in 3 waagerechte Teile, mittlerer Teil grau]	$\frac{1}{3}$
[Rechteck in 5 senkrechte Teile, mittlerer grau]	$\frac{1}{5}$	[Rechteck in 5 waagerechte Teile, 2. und 4. grau]
$\frac{2}{5}$	[Rechteck in 5 senkrechte Teile, 1., 3., 5. grau]	$\frac{3}{5}$
[Quadrat in Viertel, oben links grau]	$\frac{1}{6}$	[Quadrat in Viertel, 3 grau]
$\frac{5}{6}$	[Rechteck in 8 Teile, unten links grau]	$\frac{1}{8}$

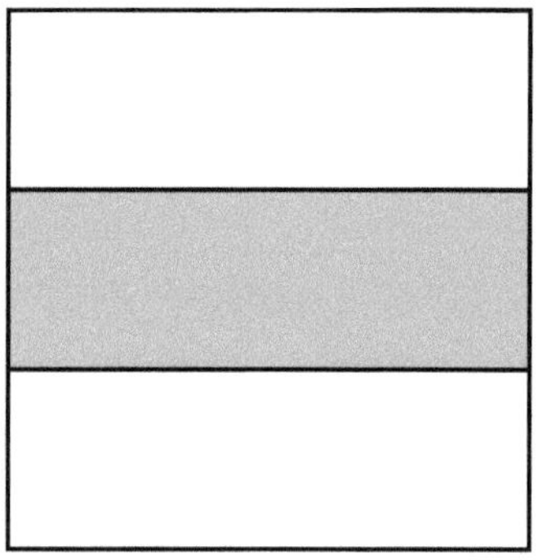

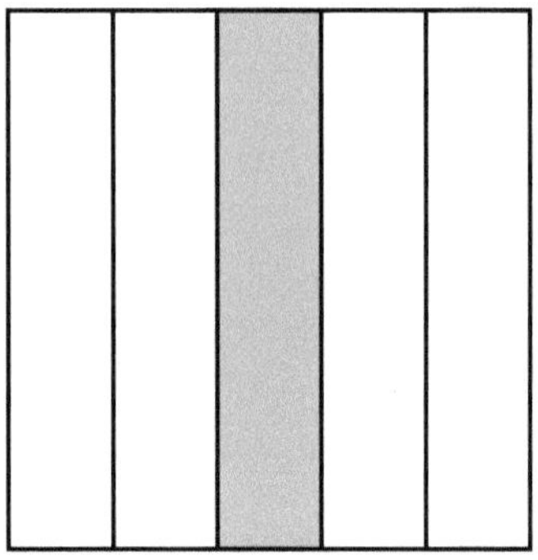

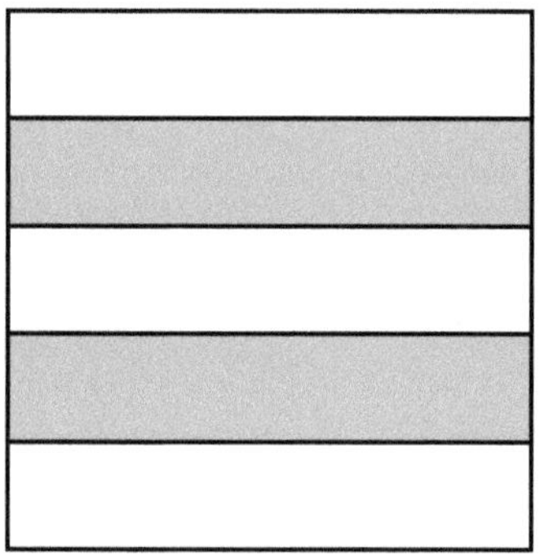

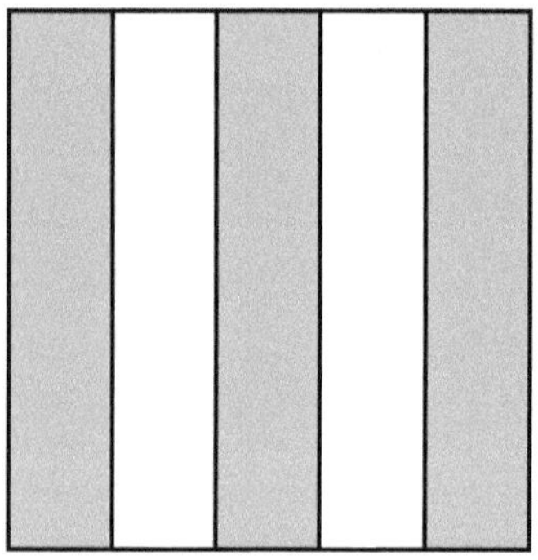

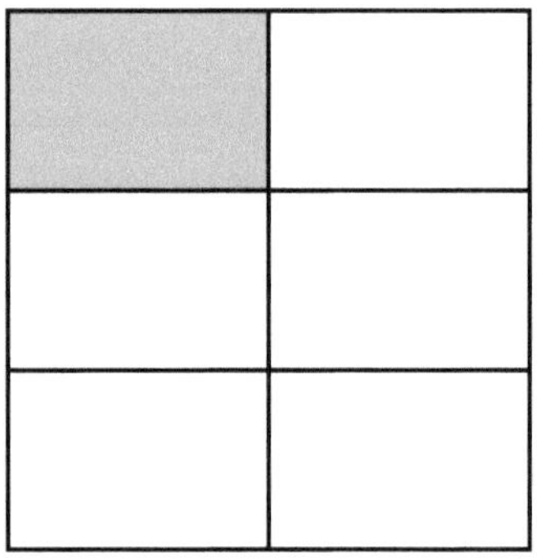

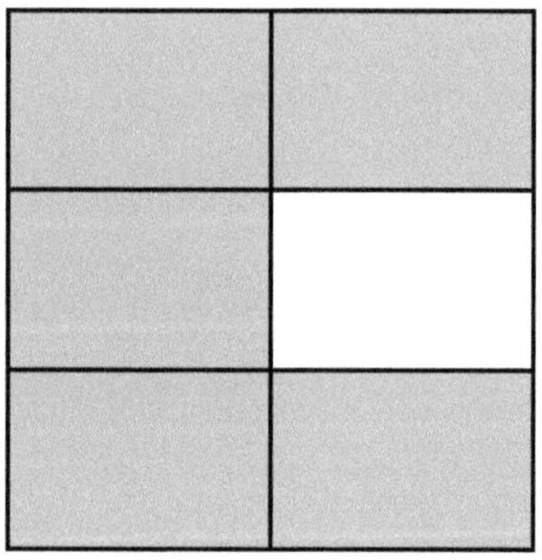

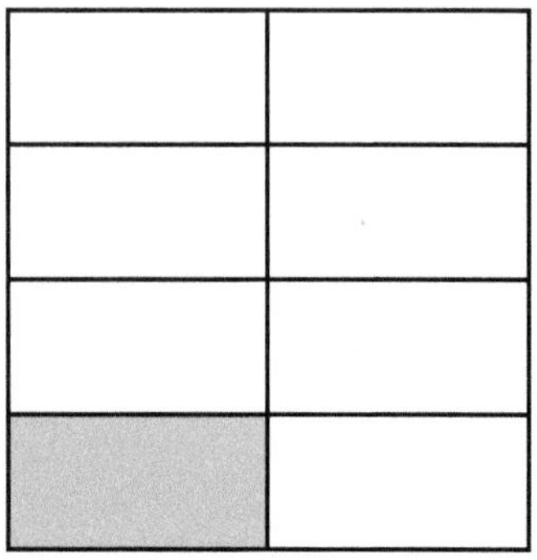

Brüche

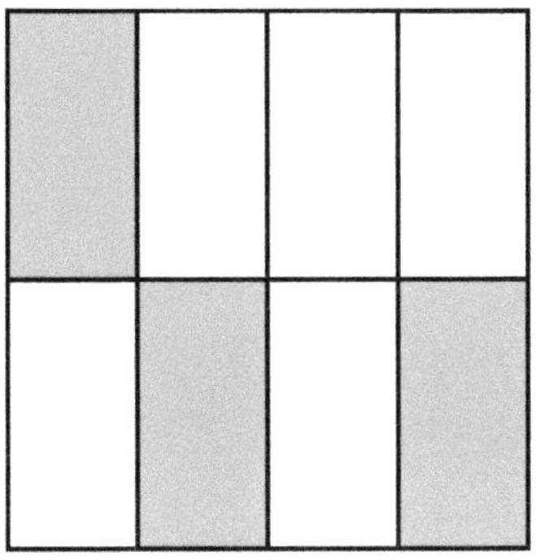

(2/8 shaded)	3/8	(5/8 shaded)
5/8	(1/9 shaded)	1/9
(2/9 shaded)	2/9	(4/9 shaded)
4/9	(5/9 shaded)	5/9
(7/9 shaded)	7/9	(8/9 shaded)

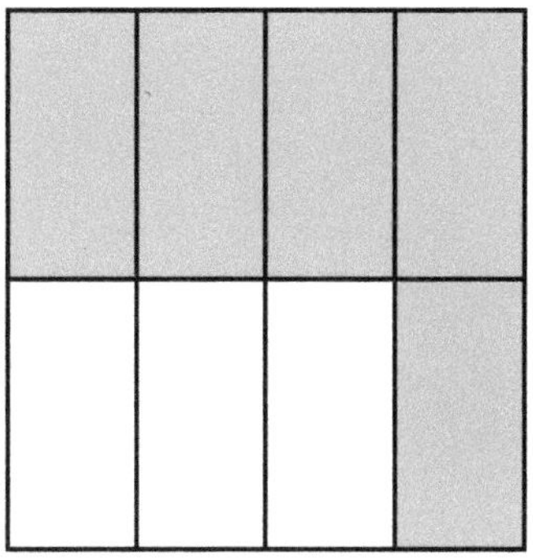

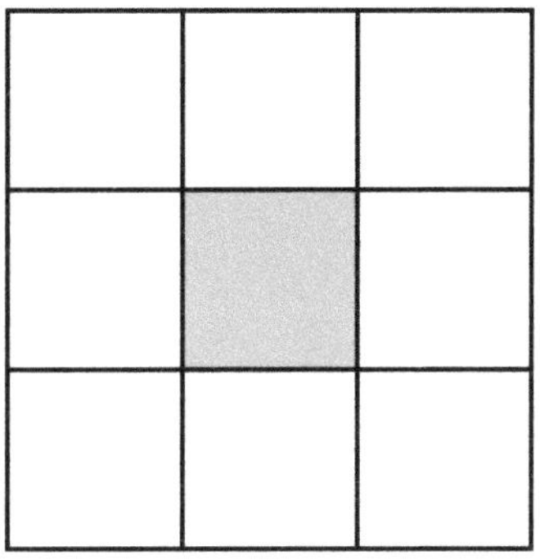

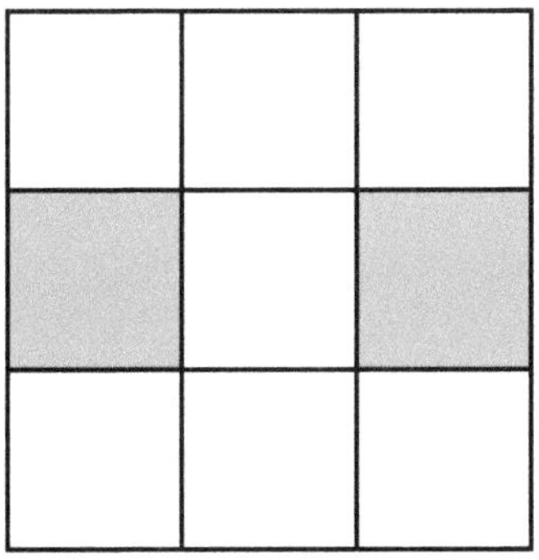

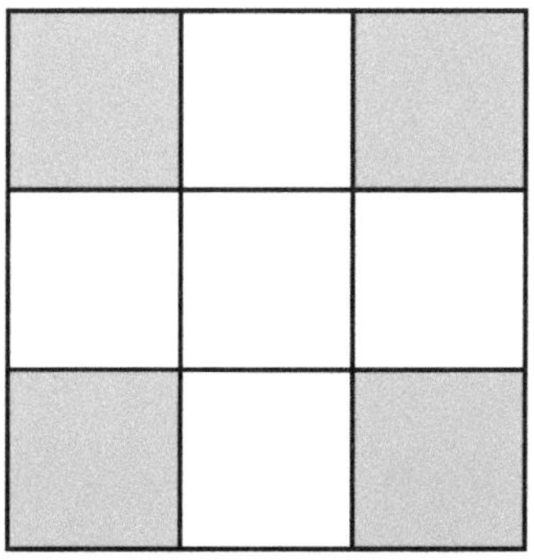

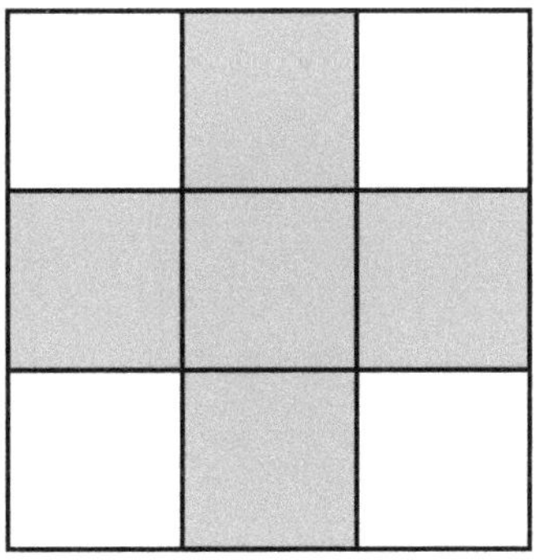

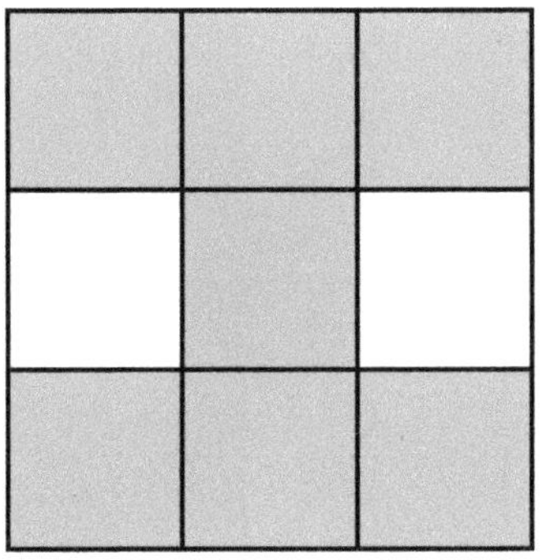

Brigitte Penzenstadler: Mathetraining in 3 Kompetenzstufen – Band 2
© Persen Verlag

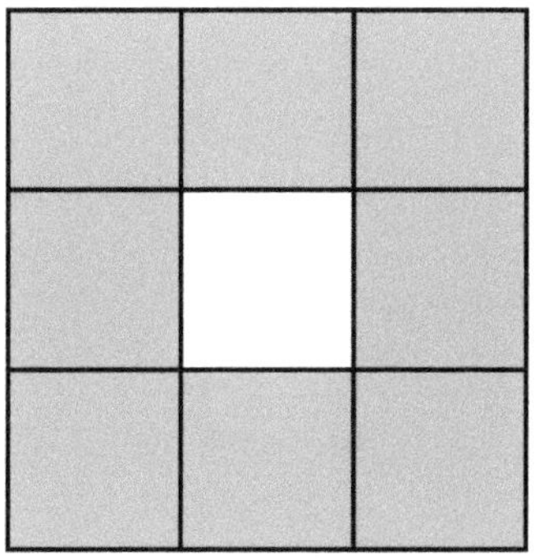

Brüche

$\frac{8}{9}$		$\frac{1}{2}$
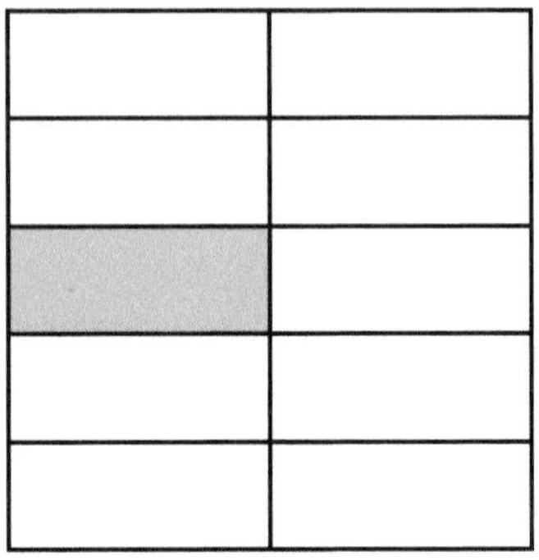	$\frac{1}{10}$	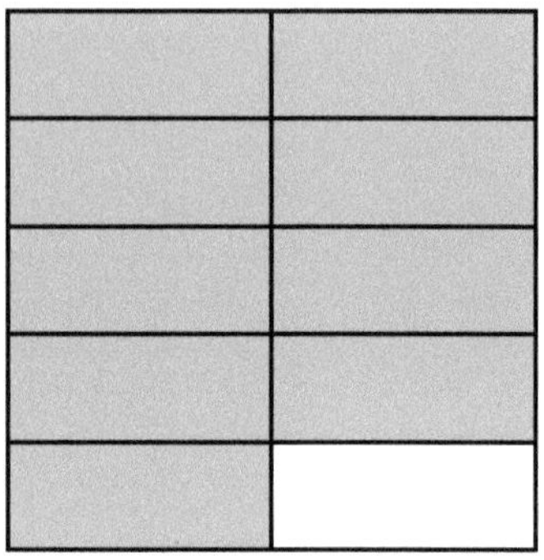
$\frac{9}{10}$	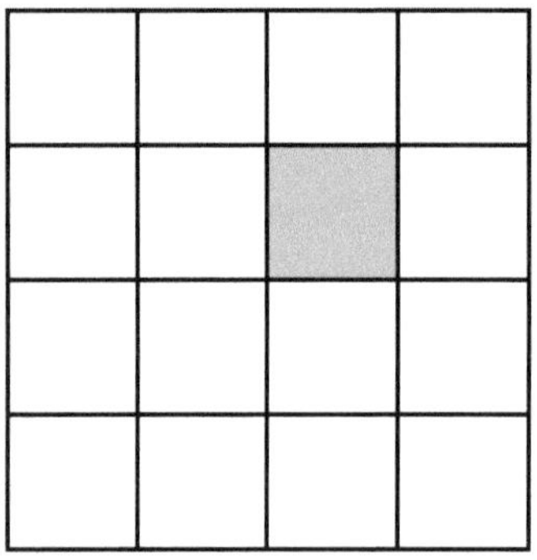	$\frac{1}{16}$
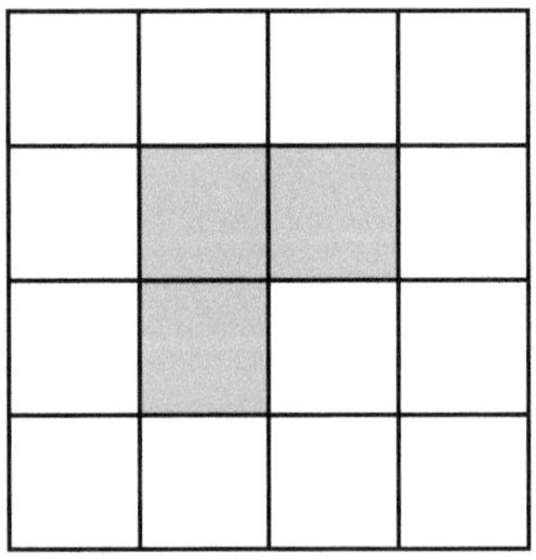	$\frac{3}{16}$	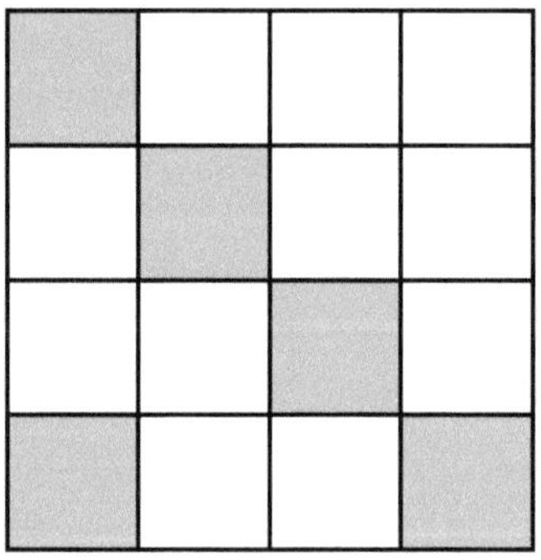
$\frac{5}{16}$		1

Brüche addieren

Welches Ergebnis gehört zu welcher Aufgabe? Trage die richtigen Buchstaben in die Tabelle ein. Kürze deine Brüche, wenn nötig. Welches Lösungswort erhältst du?

Nr.	Aufgabe
1	$\frac{1}{4}+\frac{1}{4}=$
2	$\frac{3}{7}+\frac{2}{7}=$
3	$\frac{1}{8}+\frac{4}{8}=$
4	$\frac{1}{3}+\frac{2}{3}=$
5	$\frac{2}{5}+\frac{1}{5}=$
6	$\frac{1}{3}+\frac{1}{3}=$
7	$\frac{3}{5}+\frac{1}{5}=$
8	$\frac{1}{6}+\frac{4}{6}=$
9	$\frac{1}{7}+\frac{1}{7}=$
10	$\frac{2}{10}+\frac{1}{10}=$
11	$\frac{5}{10}+\frac{2}{10}=$
12	$\frac{1}{7}+\frac{5}{7}=$
13	$\frac{4}{6}+\frac{3}{6}=$
14	$\frac{2}{8}+\frac{5}{8}=$
15	$\frac{2}{4}+\frac{3}{4}=$
16	$\frac{2}{8}+\frac{4}{8}=$

I	$1\frac{1}{4}$
E	$\frac{3}{10}$
R	$\frac{5}{7}$
E	$\frac{4}{5}$
N	$\frac{7}{8}$
G	$\frac{3}{4}$
H	$\frac{2}{7}$
B	$\frac{1}{2}$
C	$\frac{5}{6}$
U	$\frac{5}{8}$
Ö	$1\frac{1}{6}$
R	$\frac{2}{3}$
H	$\frac{3}{5}$
K	$\frac{6}{7}$
N	$\frac{7}{10}$
C	1

Lösungswort:

1	2	3	4	5	6	7	8	9	10	11	12	13	14	15	16

Brüche subtrahieren

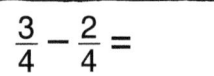

Subtrahiere. Verbinde die Aufgabe mit dem richtigen Ergebnis.

$\frac{3}{4} - \frac{2}{4} =$	$\frac{1}{3}$
$1 - \frac{1}{2} =$	$\frac{5}{8}$
$\frac{2}{3} - \frac{1}{3} =$	$\frac{2}{9}$
$\frac{4}{5} - \frac{3}{5} =$	$\frac{1}{2}$
$\frac{5}{6} - \frac{4}{6} =$	$\frac{3}{5}$
$\frac{4}{5} - \frac{1}{5} =$	$\frac{1}{7}$
$\frac{6}{7} - \frac{4}{7} =$	$\frac{5}{9}$
$\frac{9}{8} - \frac{4}{8} =$	$\frac{1}{4}$
$\frac{5}{7} - \frac{4}{7} =$	$\frac{3}{4}$
$\frac{11}{7} - \frac{6}{7} =$	$\frac{1}{5}$
$\frac{5}{9} - \frac{3}{9} =$	$\frac{2}{7}$
$\frac{7}{9} - \frac{6}{9} =$	$\frac{5}{6}$
$\frac{13}{9} - \frac{8}{9} =$	$\frac{2}{3}$
$\frac{5}{3} - \frac{3}{3} =$	$\frac{1}{6}$
$\frac{9}{4} - \frac{6}{4} =$	$\frac{5}{7}$
$\frac{15}{6} - \frac{10}{6} =$	$\frac{1}{9}$

Bingo — Brüche multiplizieren

Jeder Schüler erhält ein Spielfeld mit 4 × 4 Feldern.
Die Lehrkraft oder ein Mitschüler liest alle Ergebnisse vor.
Jeder Schüler notiert in einem beliebigen Feld ein Ergebnis. Pro Feld ist nur eine Lösung zulässig.
Die Lehrkraft oder ein Mitschüler stellt nun der Reihe nach Aufgaben, die zu lösen sind.
Jeder Schüler kreuzt auf seinem Spielfeld die Ergebnisse an.
Wer als Erster drei richtige Lösungen senkrecht, waagrecht oder diagonal angekreuzt hat, ruft laut „Bingo".
Die Lehrkraft oder ein Mitschüler kontrolliert die Ergebnisse auf dem Spielplan.
Sind alle Aufgaben richtig gelöst, steht der Sieger fest.
Wurde eine Aufgabe falsch gelöst, wird das Spiel fortgesetzt.

Spielfeld

Bingo — Brüche multiplizieren

Aufgaben: **Lösung:**

① $\frac{1}{2} \cdot \frac{1}{4} =$ $\frac{1}{8}$

② $\frac{1}{3} \cdot \frac{1}{6} =$ $\frac{1}{18}$

③ $\frac{1}{5} \cdot \frac{3}{4} =$ $\frac{3}{20}$

④ $\frac{2}{3} \cdot \frac{1}{1} =$ $\frac{2}{3}$

⑤ $\frac{1}{2} \cdot \frac{5}{7} =$ $\frac{5}{14}$

⑥ $\frac{1}{5} \cdot \frac{1}{4} =$ $\frac{1}{20}$

⑦ $\frac{3}{5} \cdot \frac{1}{8} =$ $\frac{3}{40}$

⑧ $\frac{1}{2} \cdot \frac{1}{3} =$ $\frac{1}{6}$

⑨ $\frac{1}{7} \cdot \frac{1}{2} =$ $\frac{1}{14}$

⑩ $\frac{1}{8} \cdot \frac{5}{9} =$ $\frac{5}{72}$

⑪ $\frac{4}{5} \cdot \frac{2}{3} =$ $\frac{8}{15}$

⑫ $\frac{3}{4} \cdot \frac{5}{7} =$ $\frac{15}{28}$

⑬ $\frac{6}{7} \cdot \frac{8}{11} =$ $\frac{48}{77}$

⑭ $\frac{7}{10} \cdot \frac{1}{4} =$ $\frac{7}{40}$

⑮ $\frac{1}{9} \cdot \frac{8}{5} =$ $\frac{8}{45}$

⑯ $\frac{2}{3} \cdot \frac{4}{7} =$ $\frac{8}{21}$

Bruchdivisionsnetz

Dividiere $\frac{1}{8}$ durch $\frac{1}{2}$. Notiere den Quotienten im nächsten Netzfeld. Dann dividiere das Ergebnis wieder durch $\frac{1}{2}$. Wiederhole diese Schritte im Uhrzeigersinn. Wenn du richtig gerechnet hast, erhältst du 524 288 als Endergebnis.

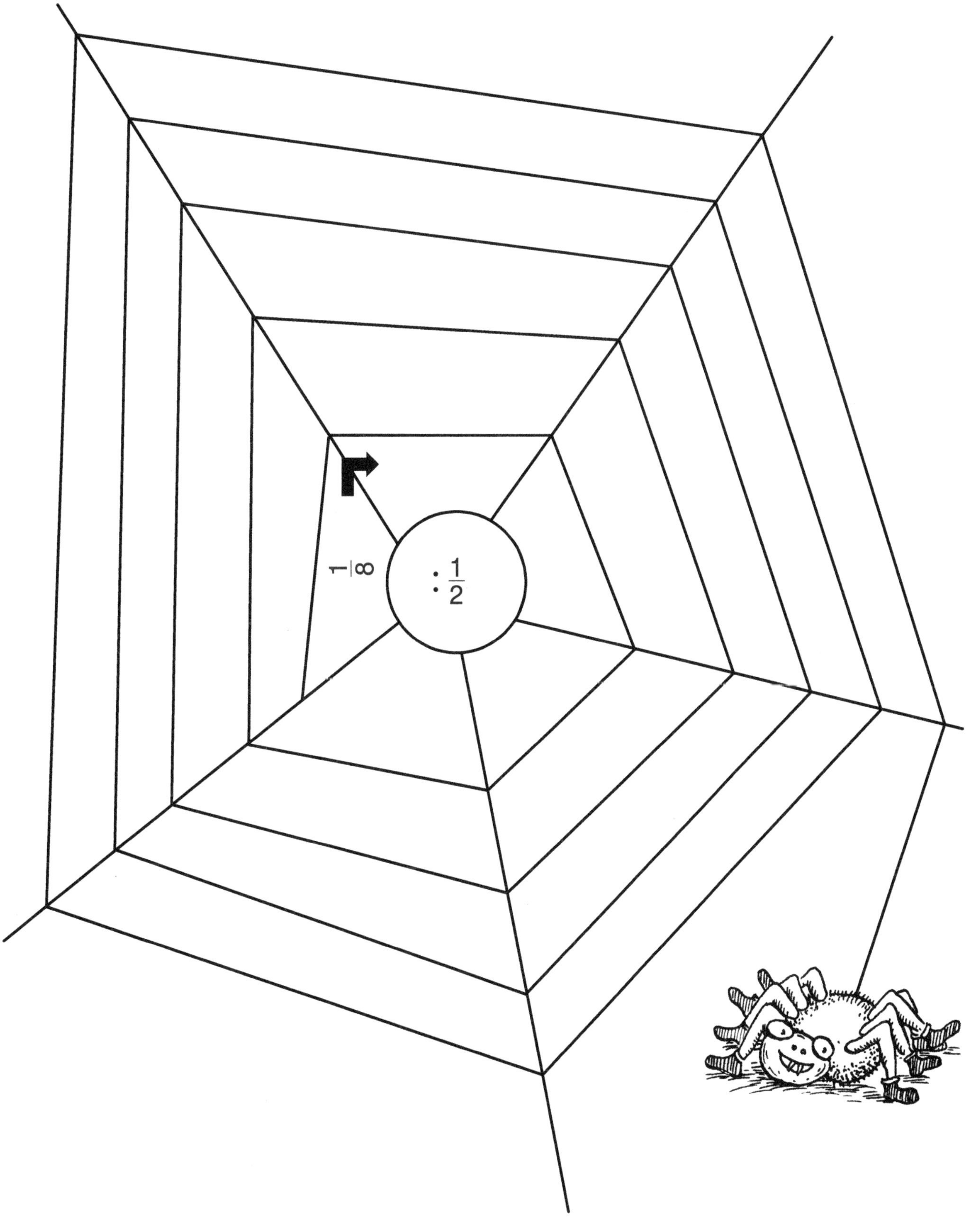

Brüche-Memory
(für 2 bis 5 Personen)

Schneide die Karten einzeln aus. Mische die Karten und lege sie mit der bedruckten Seite nach unten auf den Tisch. Der erste Spieler deckt zwei Kärtchen auf. Sind auf den beiden Kärtchen gleichwertige Brüche abgebildet, darf der Spieler die Karten behalten. Handelt es sich nicht um gleichwertige Brüche, müssen die aufgedeckten Karten an derselben Stelle wieder umgedreht werden und der nächste Spieler ist an der Reihe. Dies wird so oft wiederholt, bis alle Paare gefunden worden sind. Gewonnen hat der Spieler, der am Ende die meisten Paare gesammelt hat.

Tipp: Karten auf festen Untergrund kopieren.

Viel Spaß!

$\dfrac{2}{4}$	$\dfrac{1}{2}$	$\dfrac{3}{3}$
1	$\dfrac{6}{8}$	$\dfrac{3}{4}$
$\dfrac{2}{8}$	$\dfrac{1}{4}$	$\dfrac{4}{6}$

Brüche

$\dfrac{2}{3}$	$\dfrac{3}{6}$	$\dfrac{1}{2}$
$\dfrac{2}{10}$	$\dfrac{1}{5}$	$\dfrac{4}{10}$
$\dfrac{2}{5}$	$\dfrac{15}{25}$	$\dfrac{3}{5}$
$\dfrac{20}{25}$	$\dfrac{4}{5}$	$\dfrac{2}{12}$
$\dfrac{1}{6}$	$\dfrac{10}{12}$	$\dfrac{5}{6}$

Brüche

$\dfrac{3}{21}$	$\dfrac{1}{7}$	$\dfrac{2}{16}$
$\dfrac{1}{8}$	$\dfrac{6}{16}$	$\dfrac{3}{8}$
$\dfrac{10}{16}$	$\dfrac{5}{8}$	$\dfrac{10}{14}$
$\dfrac{5}{7}$	$\dfrac{12}{21}$	$\dfrac{4}{7}$
$\dfrac{6}{14}$	$\dfrac{3}{7}$	$\dfrac{4}{14}$

Brüche

$\dfrac{2}{7}$	$\dfrac{2}{18}$	$\dfrac{1}{9}$
$\dfrac{2}{20}$	$\dfrac{1}{10}$	$\dfrac{6}{27}$
$\dfrac{2}{9}$	$\dfrac{8}{18}$	$\dfrac{4}{9}$
$\dfrac{10}{18}$	$\dfrac{5}{9}$	$\dfrac{21}{27}$
$\dfrac{7}{9}$	$\dfrac{9}{30}$	$\dfrac{3}{10}$

Brüche addieren

Welches Ergebnis gehört zu welcher Aufgabe? Trage die richtigen Buchstaben in die Tabelle ein. Kürze deine Brüche, wenn nötig. Welches Lösungswort erhältst du?

1) $1\frac{3}{4} + 1 =$ 2) $\frac{1}{2} + \frac{3}{2} =$ 3) $2\frac{1}{6} + \frac{4}{6} =$ 4) $1\frac{2}{6} + \frac{3}{6} =$

5) $1\frac{1}{7} + \frac{4}{7} =$ 6) $2\frac{5}{10} + \frac{8}{10} =$ 7) $3\frac{4}{10} + \frac{5}{10} =$ 8) $1\frac{2}{7} + 1\frac{6}{7} =$

9) $1\frac{4}{5} + 1\frac{2}{5} =$ 10) $\frac{4}{6} + 2\frac{2}{6} =$ 11) $\frac{8}{2} + \frac{3}{2} =$ 12) $1\frac{1}{2} + \frac{4}{2} =$

13) $\frac{1}{3} + 3\frac{2}{3} =$ 14) $\frac{1}{3} + 1\frac{1}{3} =$ 15) $\frac{1}{2} + \frac{3}{4} =$ 16) $\frac{1}{3} + \frac{5}{6} =$

H) $3\frac{1}{5}$ R) 2 C) $3\frac{1}{7}$ U) $2\frac{5}{6}$

N) $5\frac{1}{2}$ B) $2\frac{3}{4}$ E) 4 C) $1\frac{5}{6}$

G) $3\frac{1}{2}$ E) $1\frac{1}{6}$ H) $1\frac{5}{7}$ R) $3\frac{3}{10}$

I) $1\frac{1}{4}$ E) 3 E) $3\frac{9}{10}$ N) $1\frac{2}{3}$

	1	2	3	4	5	6	7	8	9	10	11	12	13	14	15	16
Lösungswort:	B	R	U	C	H	R	E	C	H	E	N	G	E	N	I	E

Brüche

Brüche subtrahieren

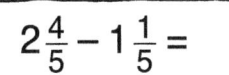

Subtrahiere. Verbinde die Aufgabe mit dem gekürzten Ergebnis.

$2\frac{4}{5} - 1\frac{1}{5} =$	$2\frac{1}{5}$
$5\frac{3}{4} - 5\frac{2}{4} =$	4
$6\frac{2}{3} - 5\frac{1}{3} =$	$\frac{8}{9}$
$4\frac{4}{5} - 2\frac{3}{5} =$	$4\frac{1}{6}$
$7\frac{5}{6} - 3\frac{4}{6} =$	$6\frac{3}{4}$
$3\frac{6}{7} - 3\frac{4}{7} =$	$9\frac{1}{2}$
$8\frac{1}{2} - 4\frac{1}{2} =$	$1\frac{3}{5}$
$8 - 5\frac{4}{4} =$	2
$4\frac{5}{8} - 2\frac{7}{8} =$	$\frac{3}{10}$
$6\frac{6}{9} - 5\frac{7}{9} =$	$\frac{1}{4}$
$9\frac{2}{3} - \frac{1}{6} =$	$\frac{2}{9}$
$2\frac{5}{8} - 1\frac{1}{4} =$	$\frac{2}{7}$
$7\frac{4}{6} - \frac{11}{12} =$	$1\frac{1}{4}$
$\frac{7}{10} - \frac{2}{5} =$	$1\frac{1}{3}$
$1\frac{1}{2} - \frac{1}{4} =$	$1\frac{3}{8}$
$\frac{2}{3} - \frac{4}{9} =$	$1\frac{3}{4}$

Brüche

Bingo – Brüche multiplizieren

Jeder Schüler erhält ein Spielfeld mit 4 × 4 Feldern.
Die Lehrkraft oder ein Mitschüler liest alle Ergebnisse vor.
Jeder Schüler notiert in einem beliebigen Feld ein Ergebnis. Pro Feld ist nur eine Lösung zulässig.
Die Lehrkraft oder ein Mitschüler stellt nun der Reihe nach Aufgaben, die zu lösen sind.
Jeder Schüler kreuzt auf seinem Spielfeld die Ergebnisse an.
Wer als Erster drei richtige Lösungen senkrecht, waagrecht oder diagonal angekreuzt hat, ruft laut „Bingo".
Die Lehrkraft oder ein Mitschüler kontrolliert die Ergebnisse auf dem Spielplan.
Sind alle Aufgaben richtig gelöst, steht der Sieger fest.
Wurde eine Aufgabe falsch gelöst, wird das Spiel fortgesetzt.

Spielfeld

Bingo – Brüche multiplizieren

Aufgaben: **Lösung:**

① $\dfrac{2}{3} \cdot \dfrac{1}{2} =$ $\dfrac{1}{3}$

② $\dfrac{4}{7} \cdot \dfrac{1}{8} =$ $\dfrac{1}{14}$

③ $\dfrac{3}{4} \cdot \dfrac{1}{6} =$ $\dfrac{1}{8}$

④ $\dfrac{1}{9} \cdot \dfrac{3}{5} =$ $\dfrac{1}{15}$

⑤ $\dfrac{5}{6} \cdot \dfrac{1}{10} =$ $\dfrac{1}{12}$

⑥ $\dfrac{1}{2} \cdot \dfrac{4}{3} =$ $\dfrac{2}{3}$

⑦ $\dfrac{9}{10} \cdot \dfrac{1}{18} =$ $\dfrac{1}{20}$

⑧ $\dfrac{1}{2} \cdot \dfrac{4}{5} =$ $\dfrac{2}{5}$

⑨ $\dfrac{1}{3} \cdot \dfrac{9}{1} =$ 3

⑩ $\dfrac{1}{4} \cdot \dfrac{2}{1} =$ $\dfrac{1}{2}$

⑪ $\dfrac{3}{5} \cdot \dfrac{5}{12} =$ $\dfrac{1}{4}$

⑫ $\dfrac{9}{12} \cdot 1 =$ $\dfrac{3}{4}$

⑬ $\dfrac{4}{8} \cdot \dfrac{4}{1} =$ 2

⑭ $\dfrac{3}{4} \cdot \dfrac{2}{9} =$ $\dfrac{1}{6}$

⑮ $\dfrac{2}{3} \cdot \dfrac{9}{10} =$ $\dfrac{3}{5}$

⑯ $\dfrac{1}{5} \cdot \dfrac{4}{4} =$ $\dfrac{1}{5}$

Brüche dividieren

Rechne die Aufgaben. Finde deine Lösungen in den Ballons und male diese bunt an.
Ein Ballon bleibt weiß, wie lautet dessen Zahl?

① $\frac{1}{2} : \frac{4}{1} =$ _____

② $\frac{1}{4} : \frac{1}{4} =$ _____

③ $\frac{1}{3} : \frac{3}{5} =$ _____

④ $\frac{4}{9} : \frac{2}{3} =$ _____

⑤ $\frac{6}{10} : \frac{9}{5} =$ _____

⑥ $1\frac{1}{2} : \frac{3}{4} =$ _____

⑦ $\frac{4}{7} : \frac{1}{7} =$ _____

⑧ $1\frac{3}{4} : \frac{9}{12} =$ _____

⑨ $2\frac{1}{4} : \frac{1}{8} =$ _____

⑩ $\frac{9}{16} : \frac{3}{4} =$ _____

⑪ $\frac{1}{5} : \frac{1}{15} =$ _____

⑫ $4\frac{2}{3} : \frac{4}{9} =$ _____

⑬ $2\frac{1}{6} : \frac{5}{12} =$ _____

⑭ $\frac{6}{7} : \frac{1}{14} =$ _____

⑮ $6\frac{4}{5} : \frac{2}{3} =$ _____

⑯ $4\frac{1}{8} : \frac{1}{3} =$ _____

Im weißen Ballon steht die Zahl:

_____

Brüche

Brüche-Memory
(für 2 bis 5 Personen)

Schneide die Karten einzeln aus. Mische die Karten und lege sie mit der bedruckten Seite nach unten auf den Tisch. Der erste Spieler deckt zwei Kärtchen auf. Sind auf den beiden Kärtchen gleichwertige Brüche abgebildet, darf der Spieler die Karten behalten. Handelt es sich nicht um gleichwertige Brüche, müssen die aufgedeckten Karten an derselben Stelle wieder umgedreht werden und der nächste Spieler ist an der Reihe. Dies wird so oft wiederholt, bis alle Paare gefunden worden sind. Gewonnen hat der Spieler, der am Ende die meisten Paare gesammelt hat.

Tipp: Karten auf festen Untergrund kopieren.

Viel Spaß!

$1\frac{1}{2}$	$\frac{3}{2}$	2
$\frac{8}{4}$	$1\frac{3}{4}$	$\frac{7}{4}$
$1\frac{1}{4}$	$\frac{5}{4}$	$2\frac{2}{3}$

Brüche

$\dfrac{8}{3}$	$4\dfrac{1}{3}$	$\dfrac{13}{3}$
$6\dfrac{1}{5}$	$\dfrac{31}{5}$	$3\dfrac{2}{5}$
$\dfrac{17}{5}$	$2\dfrac{3}{5}$	$\dfrac{13}{5}$
$4\dfrac{1}{6}$	$\dfrac{25}{6}$	$2\dfrac{5}{6}$
$\dfrac{17}{6}$	$3\dfrac{1}{7}$	$\dfrac{22}{7}$

Brüche

$5\frac{1}{8}$	$\frac{41}{8}$	$4\frac{3}{8}$
$\frac{35}{8}$	$1\frac{5}{7}$	$\frac{12}{7}$
$2\frac{4}{7}$	$\frac{18}{7}$	$2\frac{3}{7}$
$\frac{17}{7}$	$2\frac{1}{9}$	$\frac{19}{9}$
$1\frac{1}{10}$	$\frac{11}{10}$	$2\frac{2}{9}$

Brüche

$\frac{20}{9}$	$1\frac{4}{9}$	$\frac{13}{9}$
$1\frac{5}{9}$	$\frac{14}{9}$	$1\frac{3}{10}$
$\frac{13}{10}$	$2\frac{7}{10}$	$\frac{27}{10}$
$1\frac{9}{10}$	$\frac{19}{10}$	$2\frac{1}{16}$
$\frac{33}{16}$	$2\frac{5}{16}$	$\frac{37}{16}$

Brüche addieren

Welches Ergebnis gehört zu welcher Aufgabe? Trage die richtigen Buchstaben in die Tabelle ein. Kürze deine Brüche, wenn nötig. Welches Lösungswort erhältst du?

1) $\frac{1}{5} + \frac{1}{3} + \frac{3}{5} =$
2) $1\frac{1}{2} + \frac{3}{5} + \frac{1}{10} =$
3) $2\frac{3}{4} + \frac{1}{8} =$
4) $\frac{2}{3} + \frac{3}{1} =$

5) $\frac{2}{3} + \frac{5}{6} =$
6) $\frac{1}{4} + \frac{1}{3} =$
7) $\frac{3}{4} + \frac{1}{10} =$
8) $1\frac{5}{6} + 1\frac{1}{4} =$

9) $1\frac{1}{2} + 2\frac{3}{5} =$
10) $\frac{8}{9} + \frac{1}{3} =$
11) $2\frac{1}{8} + 1\frac{2}{3} =$
12) $\frac{5}{6} + \frac{2}{5} =$

13) $1\frac{5}{7} + \frac{1}{3} =$
14) $2\frac{5}{6} + \frac{2}{9} =$
15) $\frac{1}{6} + \frac{2}{3} + \frac{5}{9} =$
16) $1\frac{1}{2} + \frac{1}{3} + \frac{5}{12} =$

E) $1\frac{7}{18}$ A) $2\frac{7}{8}$ S) $4\frac{1}{10}$ I) $1\frac{7}{30}$

N) $1\frac{1}{2}$ T) $1\frac{2}{15}$ R) $2\frac{1}{4}$ S) $2\frac{1}{21}$

N) $\frac{17}{20}$ I) $3\frac{2}{3}$ E) $3\frac{19}{24}$ T) $3\frac{1}{18}$

R) $2\frac{1}{5}$ M) $1\frac{2}{9}$ G) $3\frac{1}{12}$ I) $\frac{7}{12}$

Lösungswort:

①	②	③	④	⑤	⑥	⑦	⑧	⑨	⑩	⑪	⑫	⑬	⑭	⑮	⑯

Brüche subtrahieren

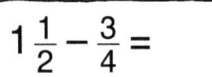

Subtrahiere. Verbinde die Aufgabe mit dem gekürzten Ergebnis.

$1\frac{1}{2} - \frac{3}{4} =$	$\frac{17}{28}$
$2\frac{1}{4} - \frac{3}{4} =$	$\frac{1}{24}$
$3\frac{2}{3} - \frac{7}{12} =$	$\frac{5}{14}$
$\frac{6}{7} - \frac{1}{4} =$	$1\frac{1}{2}$
$6\frac{1}{4} - \frac{3}{8} =$	$\frac{7}{36}$
$\frac{1}{4} - \frac{1}{16} =$	$\frac{3}{20}$
$\frac{2}{3} - \frac{5}{8} =$	$\frac{3}{4}$
$\frac{3}{4} - \frac{3}{5} =$	$\frac{7}{20}$
$1\frac{1}{5} - \frac{2}{3} =$	$5\frac{7}{8}$
$\frac{6}{7} - \frac{1}{2} =$	$1\frac{2}{5}$
$9\frac{3}{10} - \frac{1}{5} - \frac{2}{3} =$	$1\frac{1}{3}$
$\frac{4}{9} - \frac{1}{4} =$	$3\frac{1}{12}$
$8\frac{2}{3} - 6\frac{7}{12} - \frac{3}{4} =$	$1\frac{11}{18}$
$1\frac{1}{10} - \frac{3}{4} =$	$\frac{3}{16}$
$2\frac{1}{3} - \frac{5}{9} - \frac{1}{6} =$	$8\frac{13}{30}$
$3\frac{1}{2} - \frac{4}{5} - 1\frac{3}{10} =$	$\frac{8}{15}$

Brüche

Bingo — Brüche multiplizieren

Jeder Schüler erhält ein Spielfeld mit 4 × 4 Feldern.
Die Lehrkraft oder ein Mitschüler liest alle Ergebnisse vor.
Jeder Schüler notiert in einem beliebigen Feld ein Ergebnis. Pro Feld ist nur eine Lösung zulässig.
Die Lehrkraft oder ein Mitschüler stellt nun der Reihe nach Aufgaben, die zu lösen sind.
Jeder Schüler kreuzt auf seinem Spielfeld die Ergebnisse an.
Wer als Erster drei richtige Lösungen senkrecht, waagrecht oder diagonal angekreuzt hat, ruft laut „Bingo".
Die Lehrkraft oder ein Mitschüler kontrolliert die Ergebnisse auf dem Spielplan.
Sind alle Aufgaben richtig gelöst, steht der Sieger fest.
Wurde eine Aufgabe falsch gelöst, wird das Spiel fortgesetzt.

Spielfeld

Bingo — Brüche multiplizieren

	Aufgaben:	Lösung:
①	$\frac{4}{5} \cdot 5 =$	4
②	$\frac{1}{2} \cdot 1\frac{1}{4} =$	$\frac{5}{8}$
③	$\frac{10}{12} \cdot \frac{6}{5} =$	1
④	$\frac{1}{3} \cdot \frac{3}{2} =$	$\frac{1}{2}$
⑤	$\frac{8}{4} \cdot 3 =$	6
⑥	$1\frac{1}{2} \cdot 1\frac{1}{3} =$	2
⑦	$1\frac{1}{2} \cdot 1\frac{1}{4} =$	$1\frac{7}{8}$
⑧	$\frac{3}{15} \cdot \frac{5}{6} =$	$\frac{1}{6}$
⑨	$\frac{19}{21} \cdot \frac{14}{38} =$	$\frac{1}{3}$
⑩	$\frac{17}{18} \cdot \frac{9}{34} =$	$\frac{1}{4}$
⑪	$\frac{9}{20} \cdot \frac{10}{3} =$	$1\frac{1}{2}$
⑫	$\frac{13}{16} \cdot \frac{4}{26} =$	$\frac{1}{8}$
⑬	$\frac{2}{9} \cdot \frac{6}{10} =$	$\frac{2}{15}$
⑭	$\frac{12}{15} \cdot \frac{30}{48} =$	$\frac{1}{2}$
⑮	$\frac{16}{21} \cdot \frac{7}{4} =$	$1\frac{1}{3}$
⑯	$8 \cdot \frac{15}{16} =$	$7\frac{1}{2}$

Brüche

Brüche dividieren

Rechne die Aufgaben. Finde deine Lösungen in den Ballons und male diese bunt an.
Ein Ballon bleibt weiß, wie lautet dessen Zahl?

① $1\frac{1}{2} : 1\frac{1}{4} =$ _____

② $1\frac{2}{3} : \frac{1}{6} =$ _____

③ $2\frac{1}{8} : 1\frac{3}{8} =$ _____

④ $4\frac{2}{5} : 2\frac{1}{10} =$ _____

⑤ $5\frac{1}{3} : 2\frac{1}{10} =$ _____

⑥ $3\frac{1}{16} : 1\frac{3}{8} =$ _____

⑦ $4\frac{3}{7} : 1\frac{9}{14} =$ _____

⑧ $2\frac{6}{15} : \frac{9}{30} =$ _____

⑨ $3\frac{7}{10} : 1\frac{14}{10} =$ _____

⑩ $4\frac{2}{9} : 1\frac{12}{18} =$ _____

⑪ $2\frac{1}{3} : 1\frac{1}{6} =$ _____

⑫ $6\frac{4}{5} : 1\frac{8}{10} =$ _____

⑬ $4\frac{3}{8} : 2\frac{9}{4} =$ _____

⑭ $5\frac{1}{5} : 4\frac{7}{10} =$ _____

⑮ $7\frac{1}{2} : 7\frac{1}{8} =$ _____

⑯ $2\frac{1}{4} : 1\frac{1}{16} =$ _____

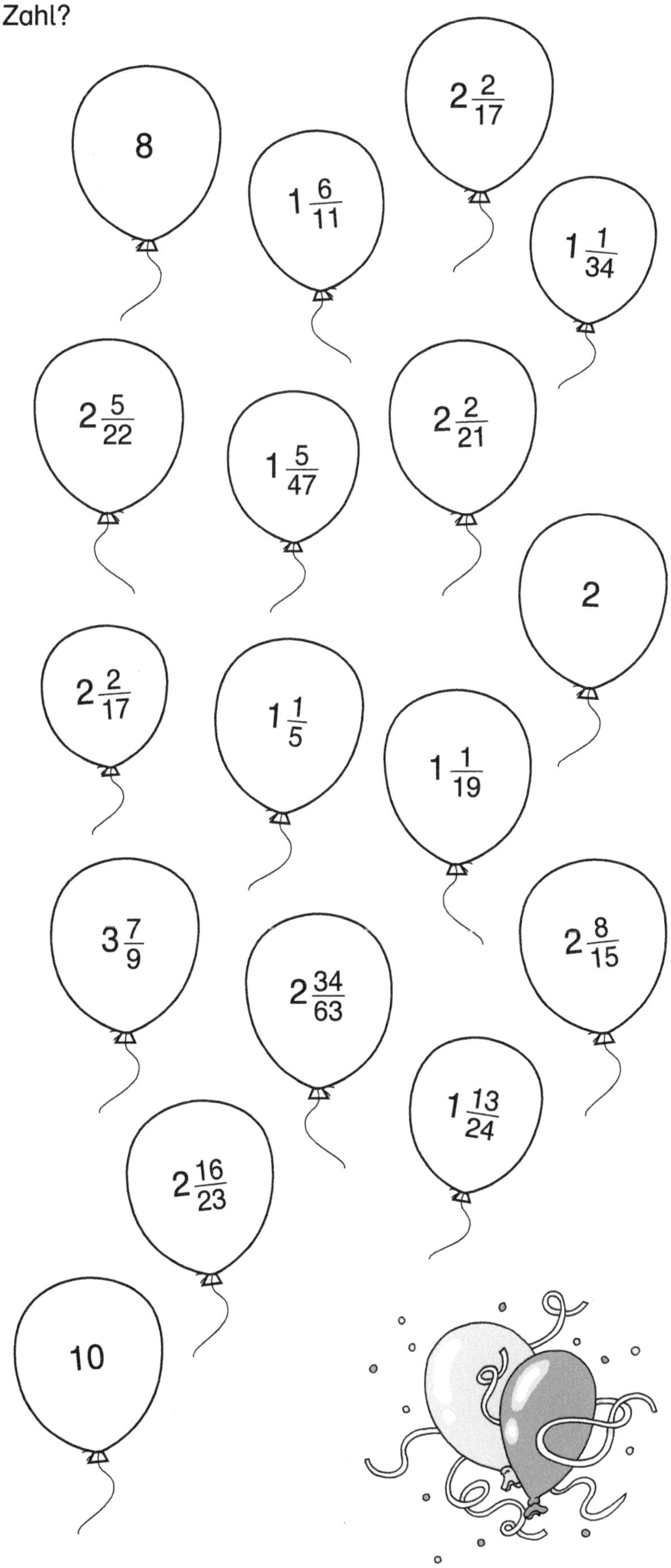

Im weißen Ballon steht die Zahl:

_____

Dezimalzahlen

Dezimalzahlensudoku

Fülle die leeren Felder so aus, dass in jeder Zeile, jeder Spalte und in jedem 3×3-Kästchen alle Zahlen von 0,1 bis 0,9 jeweils einmal vorkommen.

0,3	0,5			0,9	0,4			0,7
0,7		0,1		0,6			0,8	
0,9	0,4		0,7		0,8	0,3		
	0,6			0,3	0,7	0,5		0,8
	0,1		0,8		0,9		0,7	
0,8		0,3	0,1					0,2
		0,7	0,3		0,5	0,2	0,9	0,6
0,5		0,2		0,7				0,4
0,6				0,9	0,8		0,5	

Stellenwerttafel

Dezimalzahlen

Welche Dezimalzahlen sind in der Stellenwerttafel aufgeschrieben? Ordne sie richtig zu.

	Tausend						Komma	Zehntel	Hundertstel	Tausendstel
	100	10	1	100	10	1		$\frac{1}{10}$	$\frac{1}{100}$	$\frac{1}{1000}$
	HT	ZT	T	H	Z	E	,	z	h	t
①						0	,	3	2	1
②					5	6	,	3	4	2
③					3	0	,	3	2	1
④				4	0	7	,	0	0	8
⑤			5	0	6	3	,	0	4	2
⑥					9	0	,	0	8	0
⑦						9	,	0	8	0
⑧					3	2	,	1	4	8
⑨	8	0	5	0	6	2	,	0	4	2
⑩		1	2	3	0	1	,	2	8	4
⑪			3	0	2	1	,	2	8	4
⑫				4	7	0	,	0	8	0
⑬						0	,	0	0	8

Z) 30,321   A) 90,080   D) 0,321

N) 0,008   H) 12 301,284   E) 56,342

M) 5 063,042   A) 805 062,042   L) 9,080

L) 3 021,284   I) 407,008

E) 470,080   Z) 32,148

Lösungswort:

①	②	③	④	⑤	⑥	⑦	⑧	⑨	⑩	⑪	⑫	⑬
D	E	Z	I	M	A	L	Z	A	H	L	E	N

Dezimalzahlen

T – H – Z – E – z – h – t

Wie lautet die Dezimalzahl? Schreibe sie korrekt auf.

Tausend						Komma	Zehntel	Hundertstel	Tausendstel
100	10	1	100	10	1		$\frac{1}{10}$	$\frac{1}{100}$	$\frac{1}{1000}$
HT	ZT	T	H	Z	E	,	z	h	t

Beispiel: 1 Z + 1 z + 1 t = 10,101

① 2 z + 4 t =

② 4 T + 1 H + 3 E + 2 h =

③ 8 H + 7 E + 5 z + 9 h + 6 t =

④ 3 Z + 4 E + 2 z =

⑤ 1 Z + 8 E + 6 z + 2 h =

⑥ 1 H + 8 Z + 6 h + 2 t =

⑦ 6 H + 5 Z + 2 z + 1 t =

⑧ 1 T + 1 Z + 1 t =

⑨ 6 H + 6 z + 6 t =

⑩ 1 T + 8 H + 9 E + 6 z + 5 h =

⑪ 2 h =

⑫ 7 E + 7 z + 7 t =

⑬ 8 H + 5 E + 8 z + 5 t =

Dezimalzahlen addieren

Addiere die Dezimalzahlen. Wenn du alle Aufgaben richtig gelöst hast, erhältst du ein Lösungswort.

I	46,993
C	1 504,140
A	716,099
U	291,145
L	970,997
R	9 245,395
D	129,945
H	17 413,404
E	3 726,768
E	394,655
M	589,230
E	69 436,548
B	747,282
Z	538,943

① 31,805 + 98,140

② 380,603 + 14,052

③ 406,231 + 122,702 + 10,010

④ 12,950 + 4,031 + 30,012

⑤ 324,009 + 61,120 + 204,101

⑥ 234,570 + 80,123 + 401,406

⑦ 787,320 + 23,674 + 160,003

⑧ 406,021 + 330,201 + 11,060

⑨ 8040,021 + 305,270 + 900,104

⑩ 140,003 + 51,012 + 100,130

⑪ 40431,007 + 9005,401 + 20000,140

⑫ 970,770 + 103,067 + 430,303

⑬ 8980,080 + 2312,303 + 6121,021

⑭ 2504,392 + 102,306 + 1120,070

Lösungswort:

①	②	③	④	⑤	⑥	⑦	⑧	⑨	⑩	⑪	⑫	⑬	⑭
D	E	Z	I	M	A	L	B	R	U	E	C	H	E

Dezimalzahlen subtrahieren

Berechne die Differenz.

① 9,43 − 2,34

② 8,902 − 1,038

③ 70,504 − 2,600

④ 9909,808 − 806,430

⑤ 9046,020 − 130,304

⑥ 606,040 − 210,206

⑦ 803,052 − 20,301

⑧ 9011,304 − 802,401

⑨ 796,403 − 76,030

⑩ 403,007 − 113,108

⑪ 504,456 − 60,060

⑫ 959,070 − 283,302

⑬ 34,090 − 11,607

⑭ 230,604 − 103,068

⑮ 8204,806 − 103,002

Dezimalzahlen multiplizieren

Löse die Aufgaben. Suche die Ergebnisse im Bild und male die Felder aus. Wenn du alle Rechnungen richtig gelöst hast, erhältst du eine Figur.

① 0,125 · 10 = _____

② 0,01 · 100 = _____

③ 0,7 · 1000 = _____

④ 5,3 · 100 = _____

⑤ 0,7 · 0,1 = _____

⑥ 0,125 · 0,01 = _____

⑦ 0,2 · 0,01 = _____

⑧ 0,07 · 0,1 = _____

⑨ 0,0125 · 10 = _____

⑩ 0,1 · 100 = _____

⑪ 0,07 · 100 = _____

⑫ 0,053 · 1000 = _____

⑬ 0,53 · 0,1 = _____

⑭ 0,2 · 0,001 = _____

⑮ 2 · 0,01 = _____

⑯ 0,1 · 0,1 = _____

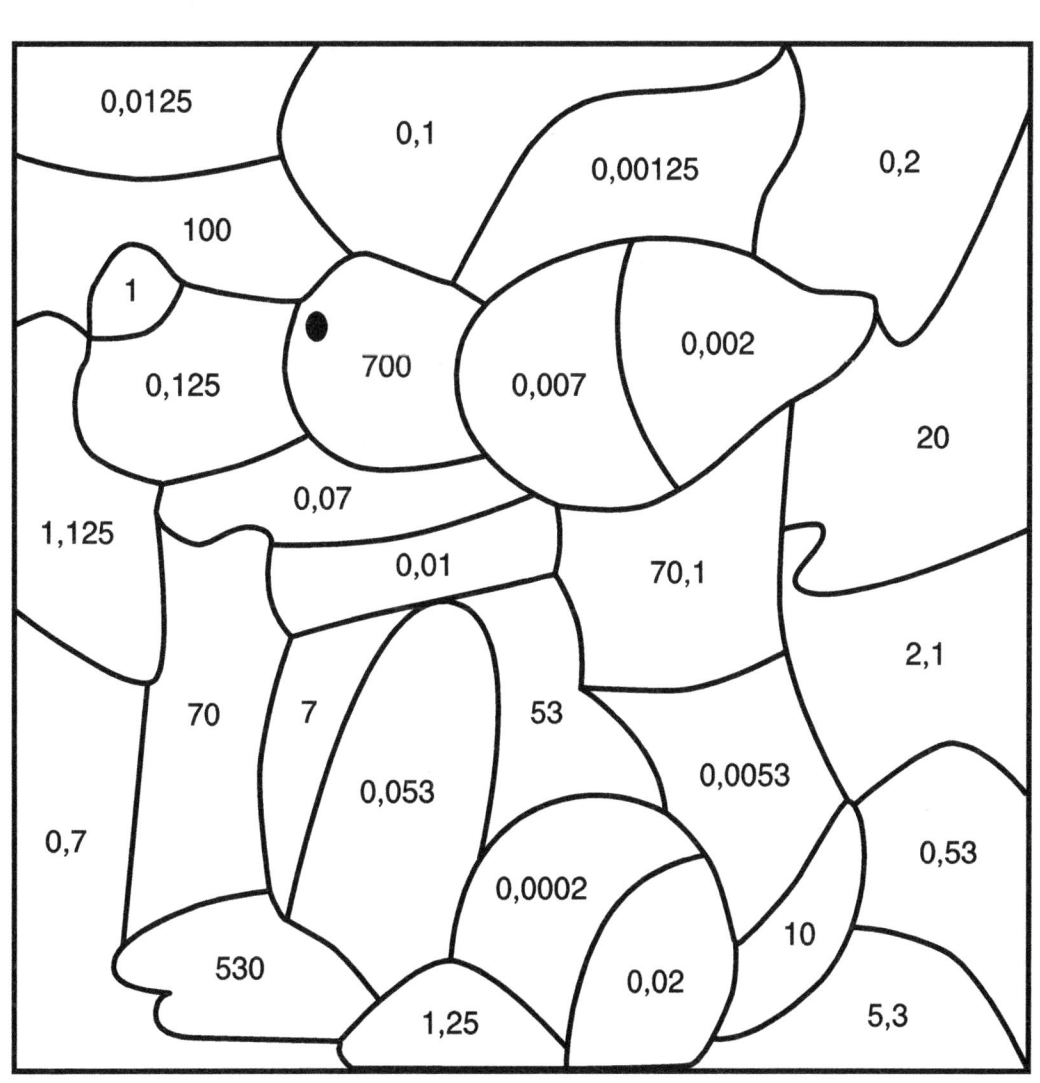

Dezimalzahlen dividieren

Löse die Aufgaben. Suche die Ergebnisse im Bild und male die Felder aus. Wenn du alle Rechnungen richtig gelöst hast, erhältst du eine Figur.

① 5 : 10 = _____
② 12 : 100 = _____
③ 125 : 1000 = _____
④ 5 : 100 = _____
⑤ 971 : 1000 = _____
⑥ 97,1 : 10 = _____
⑦ 1205 : 1000 = _____
⑧ 303 : 1000 = _____
⑨ 75 : 10 = _____
⑩ 7,05 : 100 = _____
⑪ 3,03 : 1000 = _____
⑫ 1520 : 100 = _____
⑬ 209 : 1000 = _____
⑭ 20,9 : 1000 = _____
⑮ 1,52 : 10 = _____

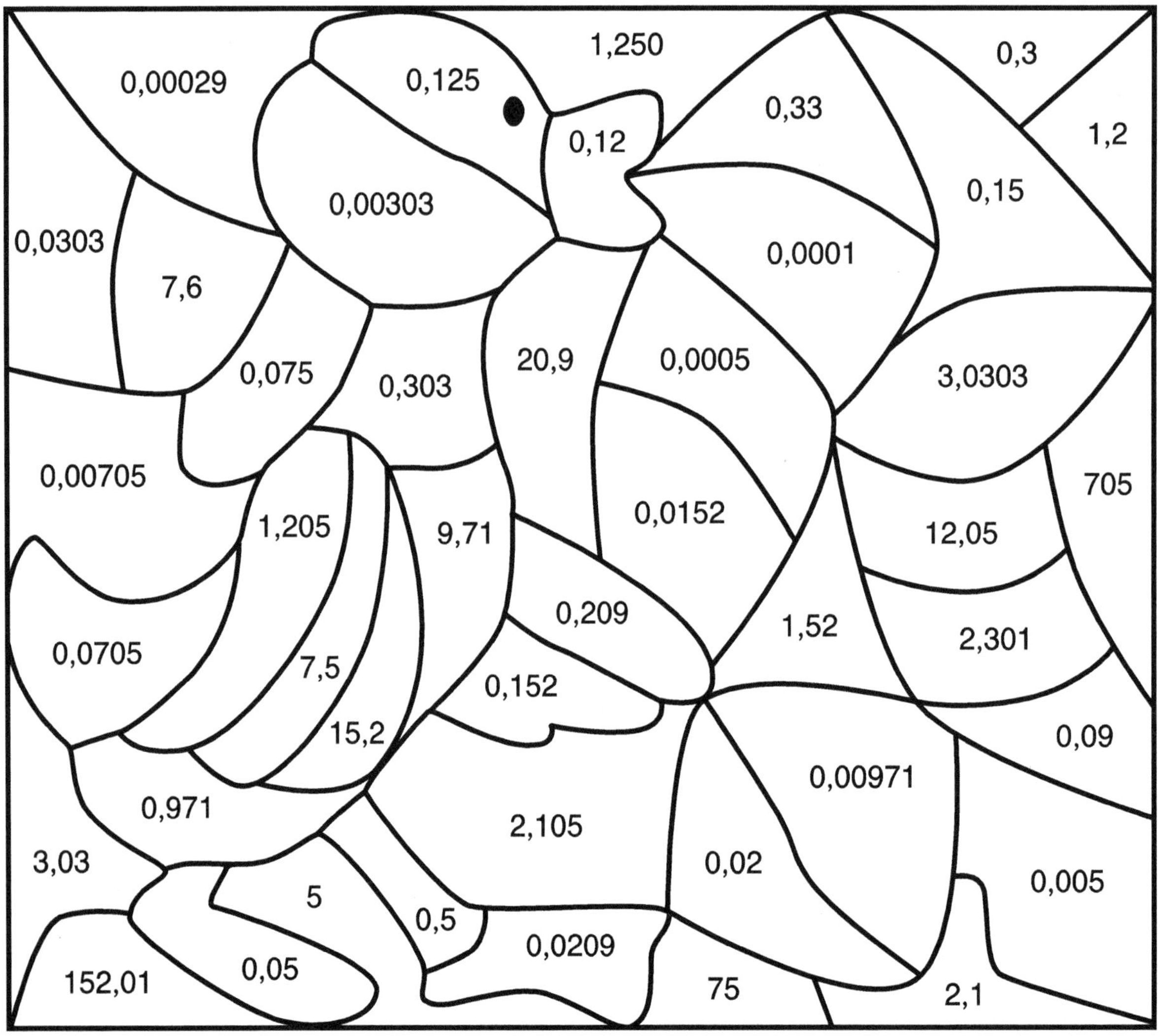

Dezimalzahlensudoku

Fülle die leeren Felder so aus, dass in jeder Zeile, jeder Spalte und in jedem 3·3-Kästchen alle Zahlen von 0,1 bis 0,9 jeweils einmal vorkommen.

	0,5	0,8		0,9			0,6	0,7
0,7		0,1		0,6		0,4	0,8	
	0,4	0,6	0,7	0,1		0,3		
0,2			0,4			0,5		0,8
	0,1		0,8		0,9			0,3
0,8		0,3		0,5		0,9		
0,1			0,3		0,5		0,9	
0,5	0,9		0,6			0,8		
		0,4		0,8	0,2		0,5	0,1

Dezimalzahlen

Stellenwerttafel

Trage folgende Dezimalzahlen in die Stellenwerttafel ein.

① 504,301
② 5,003
③ 4,706
④ 0,047
⑤ 403,12
⑥ 800,03
⑦ 8,001
⑧ 20,004
⑨ 90 503,05
⑩ 909 300,088
⑪ 70 799,077
⑫ 23 200,009

	Tausend				Komma	Zehntel	Hundertstel	Tausendstel
①								
②								
③								
④								
⑤								
⑥								
⑦								
⑧								
⑨								
⑩								
⑪								
⑫								

Dezimalzahlen ordnen

Verbinde die Dezimalzahlen in der richtigen Reihenfolge. Beginne mit der größten Zahl.

110,20   11,042

11,02   221,014

211,014

1,1

111,02   121,014

112,014   241,225

2 235,3   274,325

275,326

2 325,001   275,325

2 523,001

520 244,683

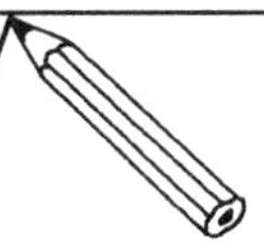

25 320,01   2 532,01

502 244,682

25 532,001

52 244,672   52 244,682

Dezimalzahlen addieren

Ergänze bei den Additionen die fehlenden Ziffern. Wenn du alle Aufgaben richtig gelöst hast, erhältst du einen Lösungssatz.

#	Aufgabe	Fehlende Ziffer
①	103,907 + 8,350 + 48,072 = 16**0**,329	0
②	900,402 + 24,048 + 808,560 = 1**7**33,010	7
③	3096,28 + 10203,00 + 50670,60 = 63969,8**8**	8
④	1982,005 + 6070,020 + 2805,300 = 10**8**57,325	8
⑤	1071,012 + 710,100 + 3043,098 = 482**4**,210	4
⑥	110,910 + 4027,805 + 719,067 = 48**5**7,782	5
⑦	9003,804 + 670,067 + 5013,802 + 209,130 = 14896,803	6
⑧	7109,340 + 4091,004 + 803,220 + 275,207 = 12**2**78,771	2
⑨	50470,022 + 2002,802 + 85923,014 + 1050,630 = 13**9**446,468	9
⑩	1102,407 + 8060,033 + 507,060 + 5010,602 = 14680,**1**02	1
⑪	4007,002 + 300,403 + 403,605 + 10,010 = 4721,**0**20	0
⑫	20078,120 + 3000,406 + 12400,003 + 80228,020 = 115**7**06,549	7
⑬	1201,310 + 334,043 + 9070,080 + 303,505 = 1090**8**,938	8
⑭	4094,080 + 1080,095 + 602,106 + 2211,230 = 79**8**7,511	8
⑮	5140,201 + 20809,060 + 3060,056 + 14090,310 = **4**3099,627	4

Zuordnung: A 4 | K 0 | R 1 | M 8 | U 5 | O 7 | M 8 | T 2 | N 6 | M 8 | E 9 | O 7 | M 8 | A 4 | K 0

Lösungssatz: K O M M A   U N T E R   K O M M A

Dezimalzahlen subtrahieren

Subtrahiere die Dezimalzahlen.

① 1 406,321 − 406,21 − 0,46 =

② 813,604 − 22,45 − 0,17 =

③ 706,21 − 74,31 − 304,801 =

④ 65 037,116 − 4 021,62 − 80,74 =

⑤ 508,213 − 409,84 − 3,891 =

⑥ 40 437,902 − 5 054,81 − 7 008,42 =

⑦ 80 763 − 404,24 − 3 300,89 =

⑧ 3 340,89 − 44,21 − 55,012 =

⑨ 1 111,088 − 112,33 − 444,422 =

⑩ 2 460,468 − 1,579 − 976,03 =

⑪ 6 084,93 − 2 206,781 − 442,244 =

⑫ 1 106,254 − 40,02 − 250,801 =

⑬ 1 930,39 − 537,82 − 448,1 − 603,822 =

⑭ 849,906 − 8,655 − 509,478 − 13,066 =

⑮ 514,18 − 9,455 − 24,803 − 97,84 =

Dezimalzahlen multiplizieren

Multipliziere die Dezimalzahlen.

① 50 · 0,01 =

② 12 · 1,1 =

③ 4,4 · 0,1 =

④ 1,3 · 2,31 =

⑤ 15 · 5,005 =

⑥ 3,02 · 4,04 =

⑦ 2,16 · 2,4 =

⑧ 0,45 · 84,8 =

⑨ 7,2 · 1,6 =

⑩ 8,4 · 1,501 =

⑪ 12,24 · 1,2 =

⑫ 9,889 · 0,31 =

⑬ 7,992 · 0,772 =

⑭ 5,505 · 0,499 =

⑮ 2,706 · 7,026 =

⑯ 3,201 · 10,306 =

⑰ 4,804 · 11,123 =

Dezimalzahlen dividieren

Löse die Aufgaben in Pfeilrichtung nacheinander.

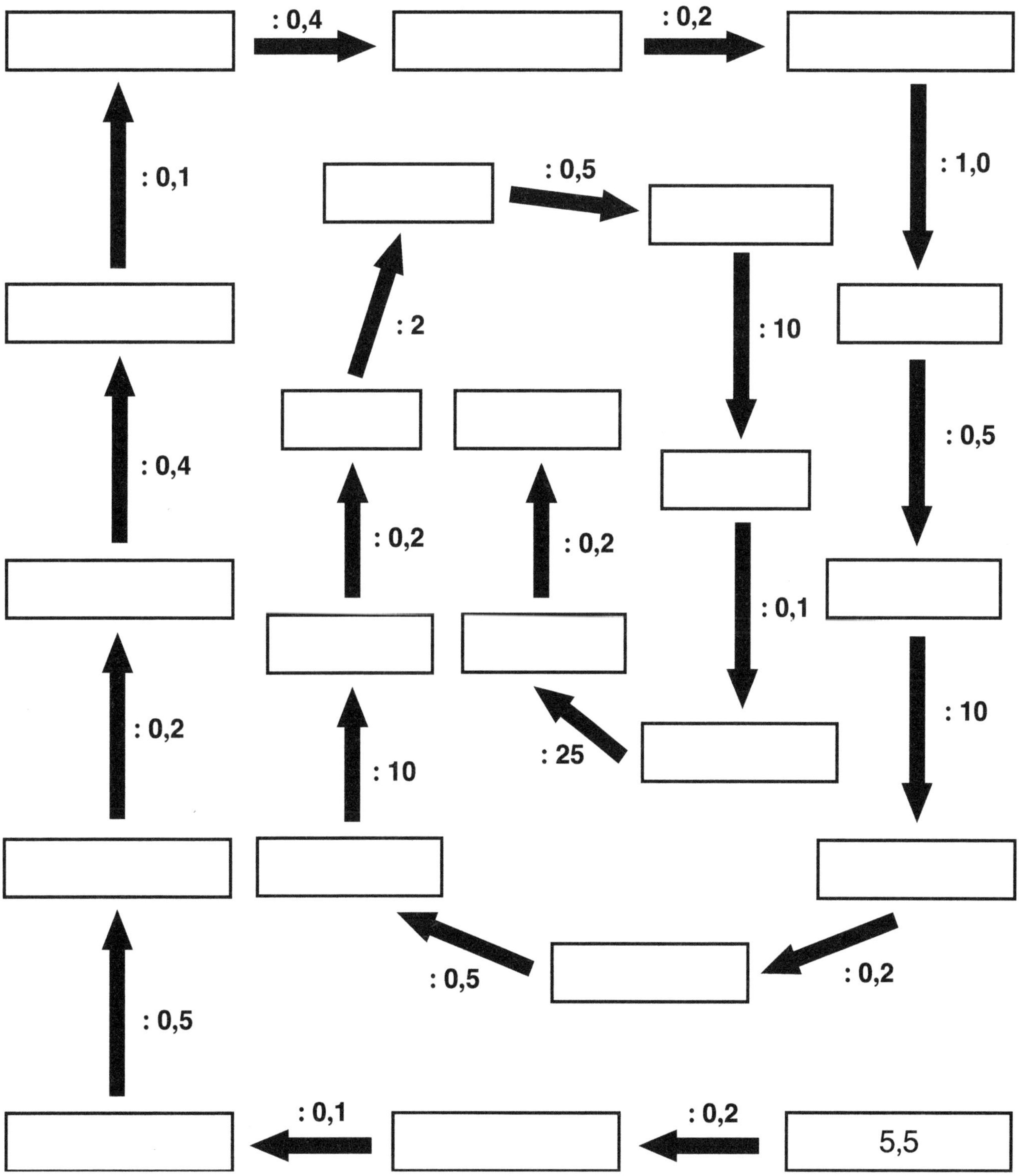

Dezimalzahlensudoku

Fülle die leeren Felder so aus, dass in jeder Zeile, jeder Spalte und in jedem 3×3-Kästchen alle Zahlen von 0,1 bis 0,9 jeweils einmal vorkommen.

0,3			0,2		0,4	0,1		0,7
0,7		0,1		0,6				0,9
	0,4	0,6	0,7		0,8	0,3		
0,2	0,6		0,4		0,7		0,1	
0,4		0,5		0,2		0,6		
	0,7	0,3	0,1				0,4	
			0,3		0,5		0,9	0,6
		0,2	0,6		0,1	0,8	0,3	
		0,4			0,2		0,5	

Dezimalzahlen ordnen

Schreibe die Dezimalzahlen der Größe nach geordnet auf. Beginne mit der kleinsten Zahl.

79 989 889,747	9 989 030,686	96 800,68
69 600,68	98 600,68	179 999 888,774
9 989 089,696	79 989 089,477	98 900,86
96 800,86	9 989 008,686	69 800,86
98 900,68	66 900,96	79 989 809,747
179 999 888,747	98 900,868	9 989 038,696
79 989 089,747	69 600,86	179 989 889,747

Dezimalzahlen

− 0,001 und + 0,001

Wie lauten jeweils die vorherigen und die nachfolgenden Dezimalzahlen?

− 0,001		+ 0,001
200,691	200,692	*200,693*
	0,999	
	1,009	
	0,231	
	1,01	
	91	
	7,598	
	9,101	
	5,001	
	0,619	
	0,49	
	9,999	
	148	
	989,989	
	0,1	
	5,499	

Dezimalzahlen

Dezimalzahlen addieren

Addiere die Dezimalzahlen.

① 1 008,65 + 14,71 + 8 030,65 =

② 7 513,804 + 2 009,31 + 4 103,015 =

③ 2 207,34 + 1 103,41 + 905,634 =

④ 44 075,9 + 23 409,21 + 7 006,01 =

⑤ 8 129,706 + 405,607 + 6 051,27 =

⑥ 401,654 + 6 098,2 + 21 057,024 =

⑦ 50 043,21 + 5 231,89 + 2 120,948 =

⑧ 1 023,42 + 9 253,096 + 6 001,57 =

⑨ 13 119,1 + 462,87 + 200,8 + 0,2 =

⑩ 3 214,8 + 712,402 + 14,002 + 31,41 =

⑪ 120,457 + 43,201 + 110,33 + 20,006 =

⑫ 3 101,01 + 2 004,5 + 98,2 + 4 160,402 =

⑬ 842,06 + 13 136,708 + 4,43 + 81,56 =

⑭ 560,2 + 506 178,9 + 120,63 + 1,22 =

⑮ 48,64 + 7 427,501 + 34,063 + 0,1 =

Dezimalzahlen subtrahieren

Löse die Aufgaben und trage die Ergebnisse ohne Komma in das Kreuzworträtsel ein.

① $1\,332{,}9 - 48{,}96 - 3{,}904 =$

② $803{,}568 - 24{,}97 - 145{,}89 =$

③ $413{,}399 - 4{,}019 - 24{,}42 =$

④ $2\,202{,}276 - 3{,}81 - 50{,}79 =$

⑤ $1\,355{,}093 - 1{,}01 - 67{,}419 =$

⑥ $446{,}001 - 220{,}01 - 4{,}207 =$

⑦ $541{,}522 - 12{,}01 - 9{,}212 =$

⑧ $735{,}905 - 0{,}26 - 31{,}1 =$

⑨ $217{,}111 - 124{,}6 - 25{,}01 =$

⑩ $2\,401{,}1 - 100{,}01 - 26{,}11 =$

⑪ $4\,706{,}953 - 483{,}7 - 563{,}2 =$

⑫ $358{,}525 - 10{,}02 - 11{,}11 =$

⑬ $190{,}473 - 20{,}01 - 123{,}567 =$

⑭ $26{,}811 - 20{,}2 - 1{,}679 =$

⑮ $344{,}623 - 47{,}021 - 3{,}1 =$

Dezimalzahlen multiplizieren

Multipliziere.

① 12,61 · 0,45 =

② 1,001 · 10,1 =

③ 5,555 · 0,147 =

④ 1,971 · 1,209 =

⑤ 6,01 · 3,3 =

⑥ 212,12 · 0,99 =

⑦ 7,089 · 9,001 =

⑧ 5,43 · 8,88 =

⑨ 40,04 · 4,004 =

⑩ 23,1 · 14,01 =

⑪ 18,05 · 20,05 =

⑫ 1,94 · 19,41 =

⑬ 0,918 · 12,09 =

⑭ 15,015 · 5,105 =

⑮ 4,998 · 8,3 =

⑯ 3,68 · 0,164 =

⑰ 6,78 · 8,76 =

⑱ 8,001 · 1,01 =

⑲ 16,07 · 7,016 =

⑳ 15,2 · 0,05 =

Dezimalzahlen dividieren

Dividiere die Zahlen. Wenn du alle Aufgaben richtig gelöst hast, erhältst du ein Lösungswort.

① 1,864 : 0,2 = _____
② 6,888 : 0,6 = _____
③ 3,45 : 1,5 = _____
④ 2,468 : 2 = _____
⑤ 5,3 : 0,05 = _____
⑥ 9,15 : 0,015 = _____
⑦ 10,8 : 1,25 = _____
⑧ 9,999 : 3,333 = _____
⑨ 21,28 : 0,7 = _____
⑩ 4,95 : 0,006 = _____

⑪ 0,36 : 1,5 = _____
⑫ 5,25 : 2,5 = _____
⑬ 9,125 : 1,25 = _____
⑭ 8,04 : 0,4 = _____
⑮ 56,32 : 12,8 = _____
⑯ 6,155 : 0,05 = _____
⑰ 6,1 : 0,008 = _____
⑱ 40,4 : 0,4 = _____
⑲ 190,65 : 15,5 = _____

D) 9,32	Z) 3	I) 123,1	E) 4,4	I) 1,234
H) 825	N) 7,3	E) 11,48	A) 30,4	L) 0,24
A) 610	Z) 2,3	L) 8,64	N) 12,3	E) 101
E) 2,1	T) 20,1	L) 762,5	M) 106	

Lösungswort:

①	②	③	④	⑤	⑥	⑦	⑧	⑨	⑩	⑪	⑫	⑬	⑭	⑮	⑯	⑰	⑱	⑲

Terme berechnen

Berechne die fehlenden Zahlen.

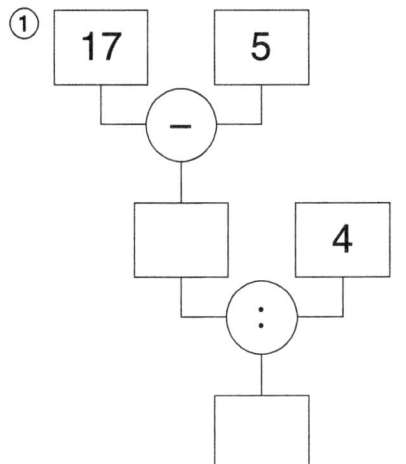
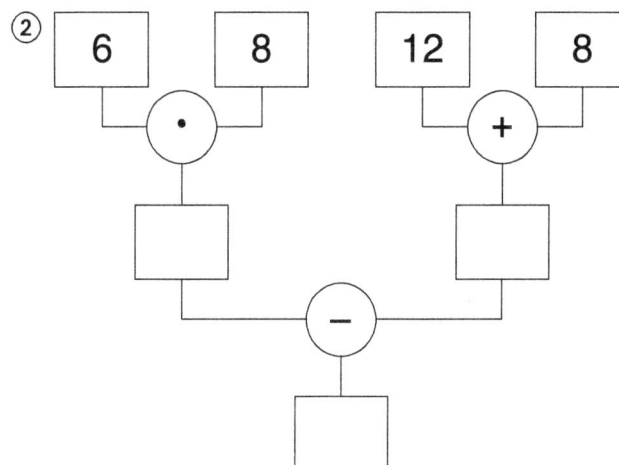
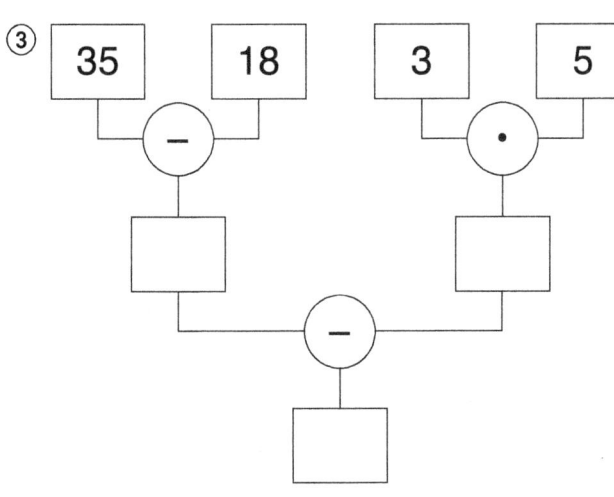
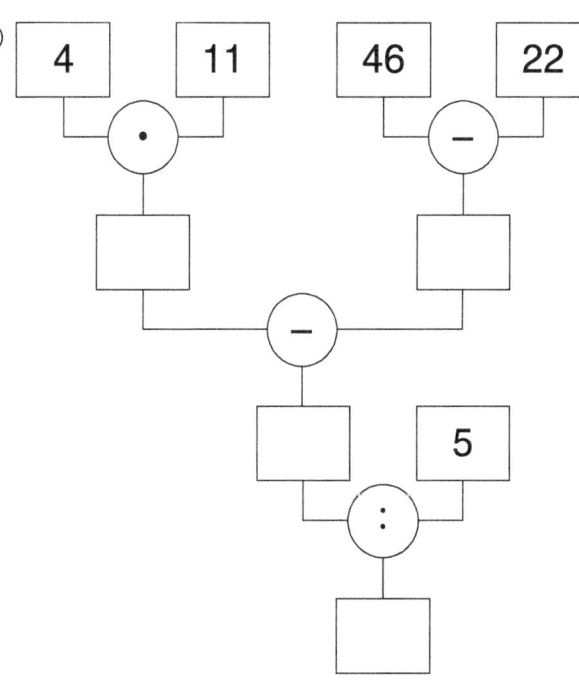
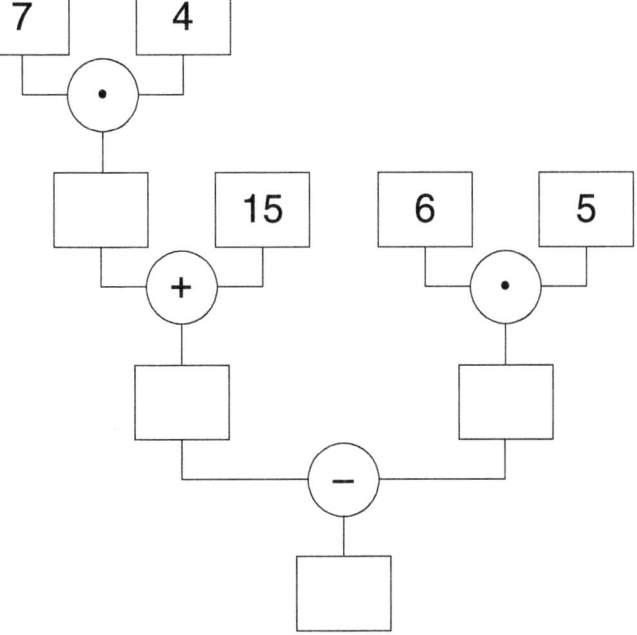

Terme und Gleichungen

Terme ordnen und zusammenfassen

Löse die Aufgaben.

① $6a + 3b - a + 7b =$

② $20x + 15y - 12x - 8y + 2 =$

③ $17p - 12q + 15q - 12p =$

④ $4x - 10y + 5z + 18y + 14x + 13y =$

⑤ $9a - 10b + 25b - 4a + 7c =$

⑥ $8m - 4n + 2o - 8m + 6n + 2o =$

⑦ $4a - 3b + 6c + 8b + 7a =$

⑧ $22d + 4e - 12d + 8f + 13e - 5f =$

⑨ $26n + 14m - 19n + 13 - 6 - 4m =$

⑩ $15{,}5p - 12{,}5p - 3o + 4 + 6o =$

Terme und Gleichungen

Gleichungen lösen

Welche Zahl verbirgt sich hinter x?

① x − 16 = 24

② x + 28 = 50

③ 12 + x = 49

④ 6 · x = 42

⑤ x − 48 = 24

⑥ x · 9 = 54

⑦ x − 35 = 9

⑧ 38 − x = 25

⑨ 72 : x = 8

⑩ 47 − x = 21

⑪ x − 53 = 28

⑫ x : 11 = 8

⑬ x + 45 = 99

⑭ 84 : x = 12

Terme und Gleichungen

Fehlerhafte Gleichungen

Hier hat der Fehlerteufel zugeschlagen. Suche den Fehler und verbessere.

① $16 + x = 51 \mid + 16$

　$x = 67$

② $2x - 10 = 50 \mid + 10$

　$2x = 60 \mid \cdot 2$

　$x = 120$

③ $2 + x + 21 = 34 + 3$

　$23 + x = 31 \mid - 23$

　$x = 8$

④ $18 - 5 + 3x + 3 = 28$

　$10 + 3x = 28 \mid - 10$

　$3x = 18 \mid : 3$

　$x = 6$

⑤ $2x + 28 - 3 + 3x = 50$

　$5x + 25 = 50 \mid + 25$

　$5x = 75 \mid : 5$

　$x = 15$

⑥ $x + 12{,}3 - 8{,}1 = 21$

　$x + 20{,}4 = 21 \mid - 20{,}4$

　$x = 0{,}6$

Terme und Gleichungen

Gleichungen erstellen

Löse mithilfe von Gleichungen.

Tipp: hinzufügen, addieren: +
Summe: (... + ...)
das ...-fache, multiplizieren: ·
Produkt: (... · ...)
das Doppelte, verdoppeln: · 2
eine Zahl: x

vermindern, subtrahieren: –
Differenz: (... – ...)
dividieren, der ... Teil: :
Quotient: (... : ...)
die Hälfte, halbieren: : 2
so erhält man, hat denselben Wert wie, um ... zu erhalten: =

① Von welcher Zahl muss man 2 subtrahieren, um das Produkt aus 3 und 7 zu erhalten?

② Zu welcher Zahl muss man 5 addieren, um den Quotienten aus 63 und 7 zu erhalten?

③ Fügt man x zur Summe der Zahlen 7 und 18 hinzu, so erhält man 38.

④ Vermindert man das Doppelte einer Zahl um 18, so erhält man die Differenz der Zahlen 23 und 11.

⑤ Das 3-fache einer Zahl um 10 vermehrt, hat denselben Wert wie die Hälfte von 44.

Terme und Gleichungen B

Terme berechnen

Berechne den Term.

① (12 + 9) – 5 + 17 – 19 = 14
② (28 – 14) + 49 – 36 – 4 = 23
③ 5 · 15 – 24 + 12 = 63
④ 17 · 8 – 14 · 5 = 66
⑤ 23 + (12 · 3) – 28 = 31
⑥ 4 · 19 – 13 · 3 = 37
⑦ 7 · (19 – 7) = 84
⑧ (47 – 17) · 3 = 90
⑨ (90 + 18) : 6 = 18
⑩ (4 · 14 + 5 · 19 + 2) : 9 = 17
⑪ 11 · 3 + 65 : 13 – (6 + 12) = 20
⑫ (4 · 16 – 3 · 12) + 8 = 36
⑬ 162 – (8 · 19 – 2 · 5) + 44 = 64

R 84 | Z 90 | R 20 | E 37
U 18 | M 66 | K 14 | S 36 | A 63
E 17 | T 64 | L 23 | M 31

Wie lautet die Rechenregel?

①	②	③	④	⑤	⑥	⑦	⑧	⑨	⑩	⑪	⑫	⑬
K	L	A	M	M	E	R	Z	U	E	R	S	T

Terme ordnen und zusammenfassen

Löse die Aufgaben.

① 12a + 3b + 4a + 7b − 2b =

② 16a − 4b + 6c − 10a − 4c + 8b =

③ 12b − 16a + 20a − 6b + 14a − 3b =

④ 9x + 14y + 33 − 11 − 3y + 2x =

⑤ 48x + 57y − 19x + 3 · 6 − 42y + 2 − 13x =

⑥ 144a − 43a + 160 − 74b + 18a + 200b − 47 − 3b =

⑦ 12a + 60c − 14b + 6a − 49c − 3a + 20b =

⑧ 162c − 16c + 62a − 14c + 71b − 19a − 37b − 18b − 100c =

⑨ 249a − 16c + 59b − 210a + 46c − 13b − 9c − 8a + 4b =

⑩ 99c − 41y − 53c + 16 + 72y + 23x − 4 − 31y =

Terme und Gleichungen

Gleichungen lösen

Welche Zahl verbirgt sich hinter x?

① $4x + 6 - 5 + 14 = 35$

② $1x + 9 - 6 + 6x + 6 - 1x = 33$

③ $5 - 2x + 4x - 2 + 8 = 27$

④ $12 - 8x + 24 + 13x - 16 = 65$

⑤ $18 + 5x - 4x - 12 + 3x = 15 + 87 - 60$

⑥ $12x - 3 = 11 \cdot 3$

⑦ $26 - 4x + 6 \cdot 2 + 8x = 5 \cdot 2 \cdot 7$

⑧ $15 : 3 + 6 + 14x - 9x = 6 \cdot 7 - 1$

Fehlerhafte Gleichungen

Hier hat der Fehlerteufel zugeschlagen. Suche den Fehler und verbessere.

① $12x - 14 - 2x + 20 - 4 = 22$
$14x + 2 = 22 \mid +2$
$14x = 24 \mid -14$
$x = 10$

② $4x + 3 - x - 2 + x + 15 = 32$
$2x + 16 = 32 \mid -16$
$2x = 16 \mid :2$
$x = 8$

③ $26 - 4x + 2 \cdot (6 - 4) + 12x = 78$
$26 - 4x + 4 + 12x = 78$
$30 + 8x = 78 \mid +30$
$8x = 108 \mid :8$
$x = 13{,}5$

④ $6x + 60 - 9 \cdot 12 + 73 - 2x + 8x = 61$
$6x + 60 - 108 + 73 - 2x + 8x = 61$
$12x + 35 = 61 \mid +35$
$12x = 96 \mid :12$
$x = 8$

⑤ $3 \cdot 7 + 5x + 18 = 4 \cdot 3 + 52$
$21 + 5x + 18 = 64$
$4 + 5x = 64 \mid -4$
$5x = 60 \mid :5$
$x = 12$

⑥ $14x + 119 : 7 + 4 \cdot 3x = 199$
$14x + 17 + 12x = 199$
$2x + 17 = 199 \mid -17$
$2x = 182 \mid :2$
$x = 91$

Terme und Gleichungen

Gleichungen erstellen

① Ordne den Begriffen die entsprechenden Rechenzeichen zu.

hinzufügen, addieren	·
Quotient	(... + ...)
das ...-fache, multiplizieren	(... · ...)
Differenz	(... : ...)
Summe	−
vermindern, subtrahieren	(... − ...)
Produkt	:
dividieren, der ... Teil	+

② Löse mithilfe einer Gleichung.

a) Das 4-fache einer Zahl und 28 ist genau so groß wie das Produkt der Zahlen 7 und 9 addiert mit 17.

b) Welche Zahl muss man vom Quotienten der Zahlen 133 und 7 subtrahieren, um das Produkt aus 4 und 3 zu erhalten?

c) Addiert man zur Differenz der Zahlen 96 und 52 das Doppelte einer Zahl, so erhält man 79 vermindert um 13.

d) Wird von einer Zahl die Summe der Zahlen 23 und 18 subtrahiert, so erhält man das Produkt der Zahlen 11 und 9 vermindert um 18.

Terme berechnen

Berechne den Term.

① 162 − 8 · 19 − 2 · 5 + 44 = __44__

② 17 + 7 · 16 − (6 · 17 − 98) = __125__

③ (48 + 3 · 13) · 2 − 74 = __100__

④ 15 · (17 − 9) − 5 · 15 = __45__

⑤ (3 · 10 · 5 − 6 · 18) : 7 = __6__

⑥ (9 · 13 − 3 · 5) : (54 : 18) = __34__

⑦ (123 − 7 · 12) · 8 − 272 = __40__

⑧ 19 + 6 · 13 − (7 · 8 + 6 · 3) = __23__

⑨ 66 − 5 · 7,2 + 6 − 16,8 : 5,6 = __33__

⑩ 6 · (12 · 2,5) − 7 · 16 = __68__

⑪ (86,2 − 12,2 · 6) · (15,4 · 2 − 28,8) = __26__

⑫ (2 · 4 · 19) : (3 · 16 − 3 · 7 − 8) = __8__

⑬ 153 : 9 − 144 : 18 + (20 − 11) = __18__

⑭ (29,95 : 5,99 + 2 · 4 · 3 · 3) : 11 = __7__

R 23 — N 100 — O 40 — I 8
U 125 — P 44 — K 45 — S 33 — H 7
R 26 — V 34 — T 6 — C 18 — T 68

Wie lautet die Rechenregel?

①	②	③	④	⑤	⑥	⑦	⑧	⑨	⑩	⑪	⑫	⑬	⑭
P	U	N	K	T	V	O	R	S	T	R	I	C	H

Terme und Gleichungen

Terme ordnen und zusammenfassen

Löse die Aufgaben.

① $32a + 40b - 2 \cdot 14a + 3 \cdot 5b - 4 \cdot 12b =$

② $96b - 12b - 46a - 33b - 7a \cdot 4 + 4a =$

③ $99c : 11 - 37a + 7 \cdot 9c + 46a - 2a + 6c - b =$

④ $3 \cdot (x - 3y) + 4x + 7y =$

⑤ $34y - (6 \cdot y \cdot 4) + (9x - x + 4) - y + 152 : 19 =$

⑥ $(6y - 8x) + (14x + 3y) - 4x + 68 : 17 =$

⑦ $18x + 15 \cdot (7 - x) + 12y + (8 + 3x) \cdot 2 =$

⑧ $8 \cdot 4z - 102x : 17 + 4 \cdot 7 + 30x - 12z =$

⑨ $(8 - 4 \cdot 12b) \cdot 2 + 18 + 48b + 13a - 12a =$

⑩ $15 \cdot 2q - 4 \cdot 9p - 11o + (7 \cdot 6o - 1o) + 50p - 2 \cdot 5q + 10 =$

⑪ $1,5 \cdot (8 - 6x) + 5 \cdot 6y + 4 \cdot 0,5x - 30y + 3x + 15 =$

⑫ $(2,346 + 2,654) \cdot 16a + 8 : 0,5b - 20a \cdot 2 + 16b =$

Gleichungen lösen

Welche Zahl verbirgt sich hinter x?

① $2x - 14 + 38 - x + 5x = 42$

② $4 + 5 \cdot 3x + 6 \cdot 8 - 5x - 20 = 52$

③ $3x - 12 \cdot 3 + 50 - 4x + 7x = 4 \cdot 11$

④ $5x + 3x - 6 + 24 - 6 \cdot 2x = 9 \cdot 3 - 3 \cdot 7$

⑤ $7 \cdot 10 + 4x - 35 - 7x = 86 - 42 - 3 \cdot 8$

⑥ $144 : x = 3 \cdot 15 - 19 + 10$

⑦ $18 \cdot x = 263 - 9 \cdot 7 - 2$

Terme und Gleichungen

Fehlerhafte Gleichungen

Hier hat der Fehlerteufel zugeschlagen. Suche den Fehler und verbessere.

① $60 \cdot (x + 2) - (152 : 8) \cdot x = 243$
$60x + 60 - 19x = 243$
$41x + 60 = 243 \mid -60$
$41x = 183 \mid : 41$
$x = 3$

② $3 \cdot 8 - 4x = 8x - 6 \cdot 6$
$24 - 4x = 8x - 36 \mid + 36$
$12 - 4x = 8x \mid - 4x$
$12 = 4x \mid : 4$
$x = 3$

③ $23 \cdot (x + 6) - 15x = 4 \cdot 4 \cdot 2 \cdot 4 + 42$
$23x + 138 - 15x = 78$
$8x + 138 = 78 \mid + 138$
$8x = 216 \mid : 8$
$x = 27$

④ $5x + 11 \cdot (x + 10) - 20x = 8 \cdot 14 - 5 \cdot 2$
$5x + 11x + 110 - 20x = 112 - 10$
$4x + 110 = 102 \mid - 110$
$4x = 8 \mid : 4$
$x = 2$

⑤ $4(x + 4) + 12(2 + 3x) + x + 23 = 3 \cdot (8 \cdot 13 - 1)$
$4x + 4 + 24 + 36x + x + 23 = 309$
$40x + 51 = 309 \mid + 51$
$40x = 360 \mid : 40$
$x = 9$

⑥ $(2x + 14 + 4x) \cdot 1{,}5 - 2x + 5 \cdot (6 + 4x) = 240$
$(6x + 14) \cdot 1{,}5 - 2x + 30 + 20x = 240$
$3x + 7 - 2x + 30 + 20x = 240$
$21x + 37 = 240 \mid - 37$
$21x = 210 \mid : 21$
$x = 10$

Terme und Gleichungen

Gleichungen erstellen

① Welches Rechenzeichen verbirgt sich hinter den Begriffen?

Begriff	Zeichen
hinzufügen	
Quotient	
das ...-fache	
eine Zahl	
das Doppelte	
vermindern	
Produkt	
so erhält man	

② Löse mithilfe einer Gleichung.

a) Wenn du das 4-fache einer Zahl von der doppelten Summe aus 15 und 25 subtrahierst und dann die unbekannte Zahl noch einmal addierst, erhältst du das Produkt aus 4 und 12 vermindert um 16.

b) Vier Geschwister haben zusammen 214 € gespart. Anne und Maria haben gleich viel gespart, Uwe hat um 18 € mehr als Maria, Tim hat doppelt so viel gespart wie Uwe. Wie viel hat jedes Kind gespart?

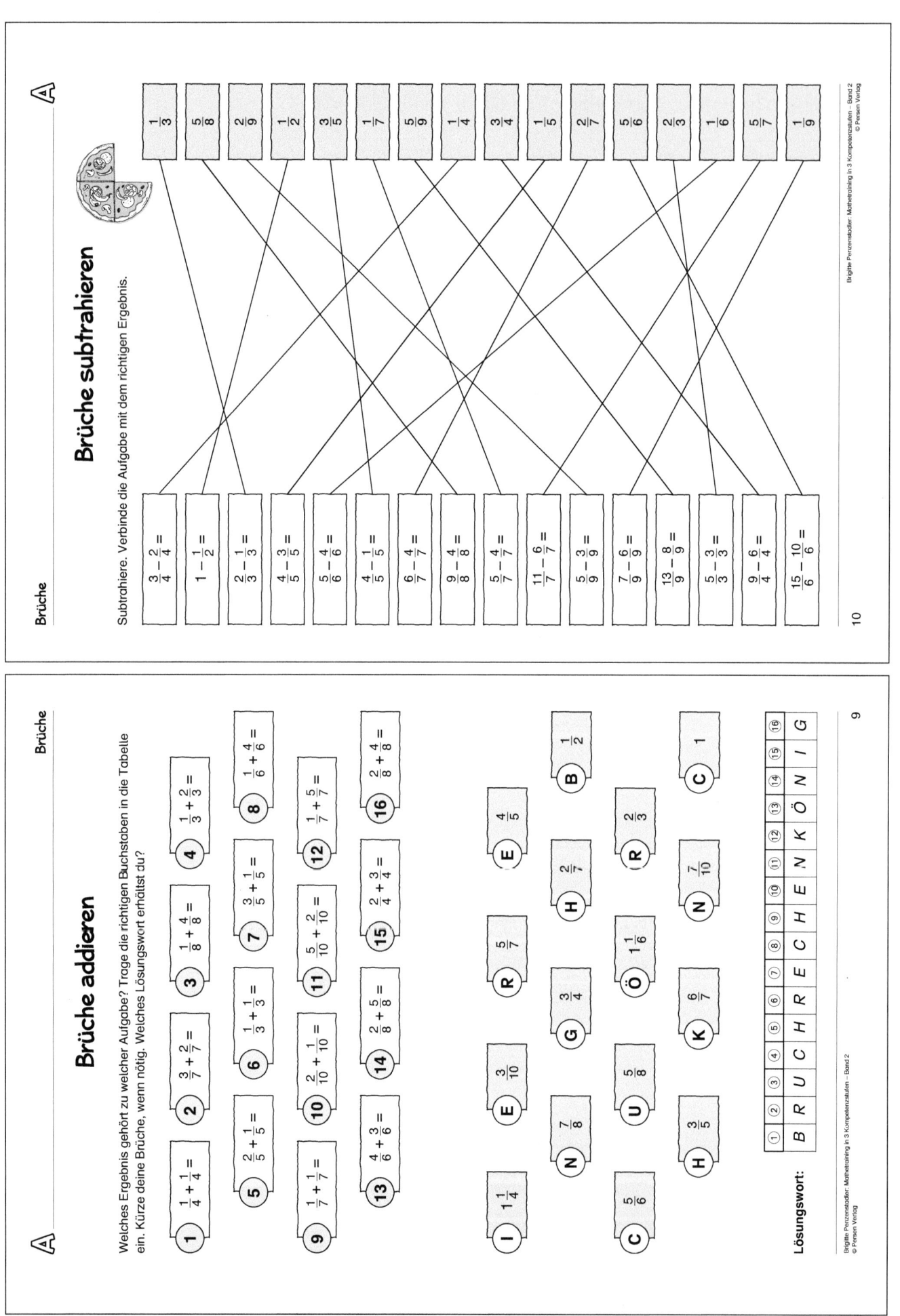

Lösungen

B) Brüche addieren

Brüche

Welches Ergebnis gehört zu welcher Aufgabe? Trage die richtigen Buchstaben in die Tabelle ein. Kürze deine Brüche, wenn nötig. Welches Lösungswort erhältst du?

① $1\frac{3}{4} + 1 =$
② $\frac{1}{2} + \frac{3}{2} =$
③ $2\frac{1}{6} + \frac{4}{6} =$
④ $1\frac{2}{6} + \frac{3}{6} =$
⑤ $1\frac{1}{7} + \frac{4}{7} =$
⑥ $2\frac{5}{10} + \frac{8}{10} =$
⑦ $3\frac{4}{10} + \frac{5}{10} =$
⑧ $1\frac{2}{7} + 1\frac{6}{7} =$
⑨ $1\frac{4}{5} + 1\frac{2}{5} =$
⑩ $\frac{4}{6} + 2\frac{2}{6} =$
⑪ $\frac{8}{2} + \frac{3}{2} =$
⑫ $1\frac{1}{2} + \frac{4}{2} =$
⑬ $1\frac{1}{3} + 3\frac{2}{3} =$
⑭ $1\frac{1}{3} + 1\frac{2}{3} =$
⑮ $1\frac{1}{2} + \frac{3}{4} =$
⑯ $1\frac{5}{3} + \frac{5}{6} =$

H $3\frac{1}{5}$ R 2 C $3\frac{1}{7}$ U $2\frac{5}{6}$ C $1\frac{5}{6}$
N $5\frac{1}{2}$ B $2\frac{3}{4}$ H $1\frac{5}{7}$ E 4 N $1\frac{2}{3}$
G $3\frac{1}{2}$ E $1\frac{1}{6}$ E 3 R $3\frac{3}{10}$ E $3\frac{9}{10}$
I $1\frac{1}{4}$

Lösungswort:

①	②	③	④	⑤	⑥	⑦	⑧	⑨	⑩	⑪	⑫	⑬	⑭	⑮	⑯
B	R	U	C	H	R	E	C	H	E	N	G	E	N	I	E

A) Bruchdivisionsnetz

Brüche

Dividiere $\frac{1}{8}$ durch $\frac{1}{2}$. Notiere den Quotienten im nächsten Netzfeld. Dann dividiere das Ergebnis wieder durch $\frac{1}{2}$. Wiederhole diese Schritte im Uhrzeigersinn. Wenn du richtig gerechnet hast, erhältst du 524 288 als Endergebnis.

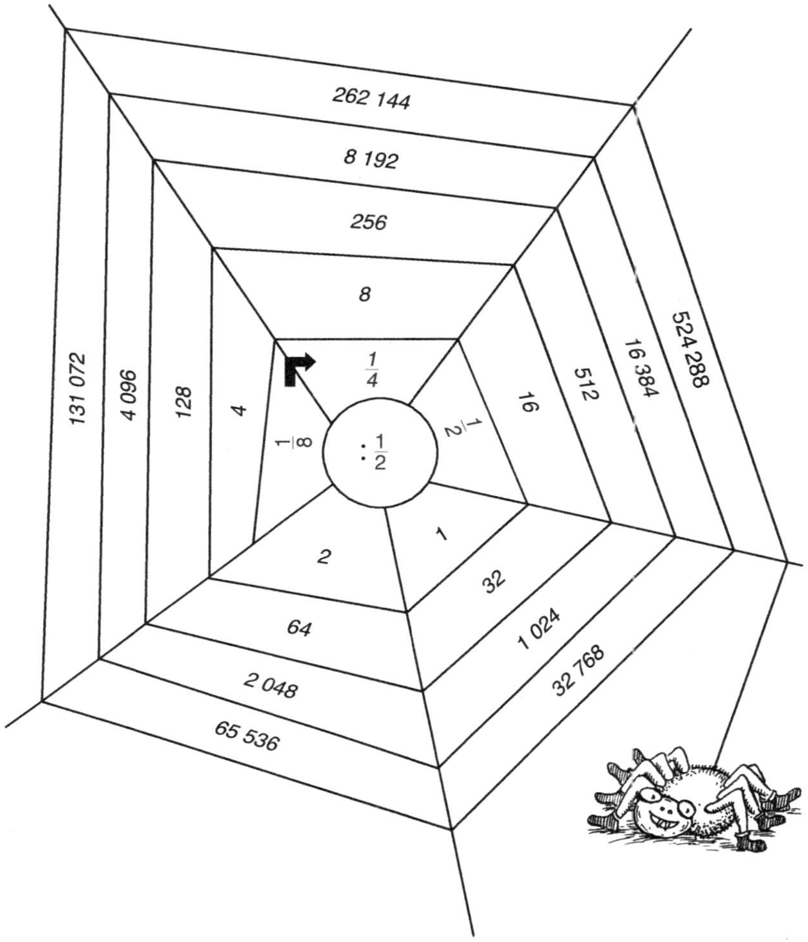

Zentrum: $\frac{1}{8}$: $\frac{1}{2}$

Werte (im Uhrzeigersinn): $\frac{1}{4}$, $\frac{1}{2}$, 1, 2, 4, 8, 16, 32, 64, 128, 256, 512, 1 024, 2 048, 4 096, 8 192, 16 384, 32 768, 65 536, 131 072, 262 144, 524 288

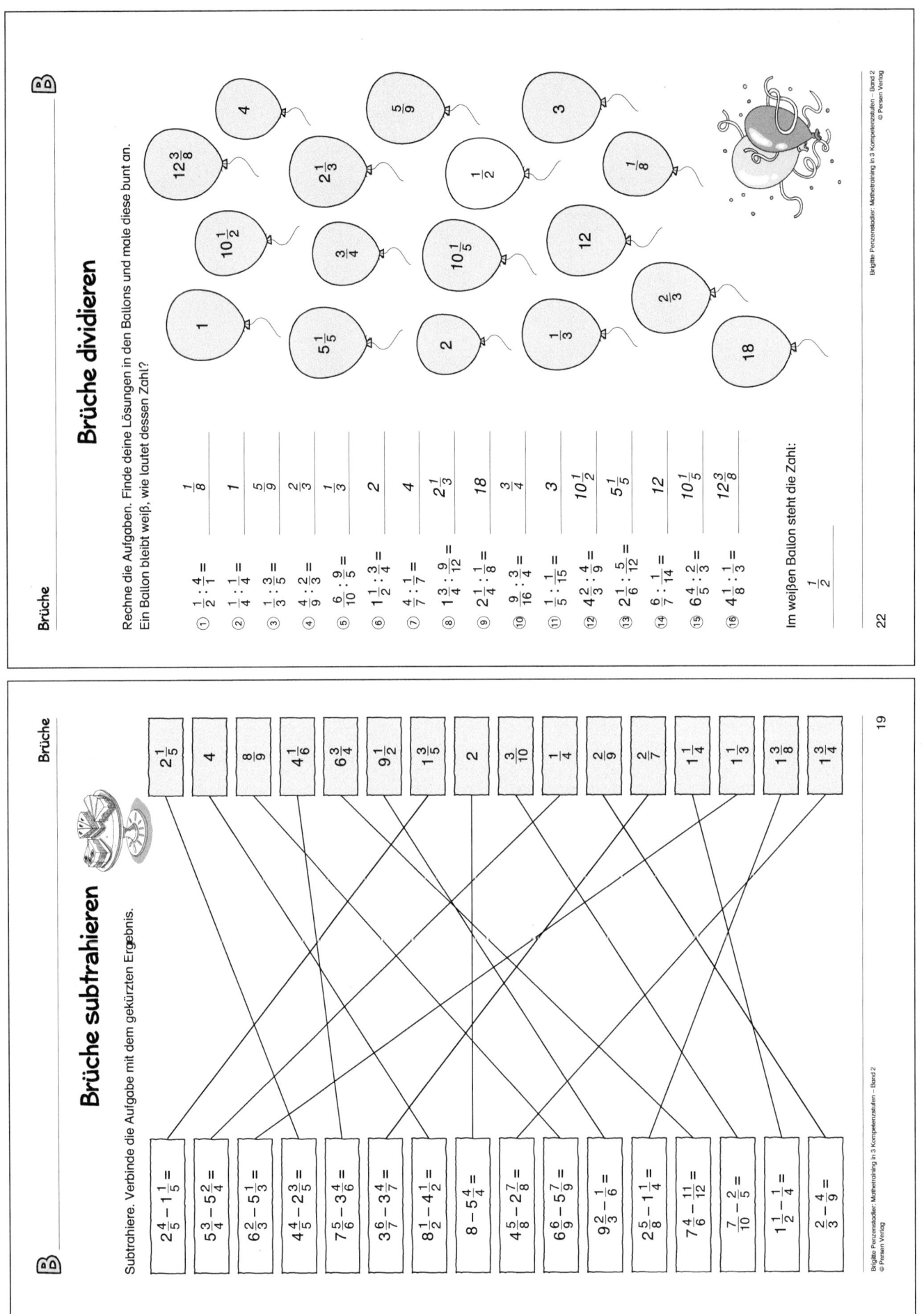

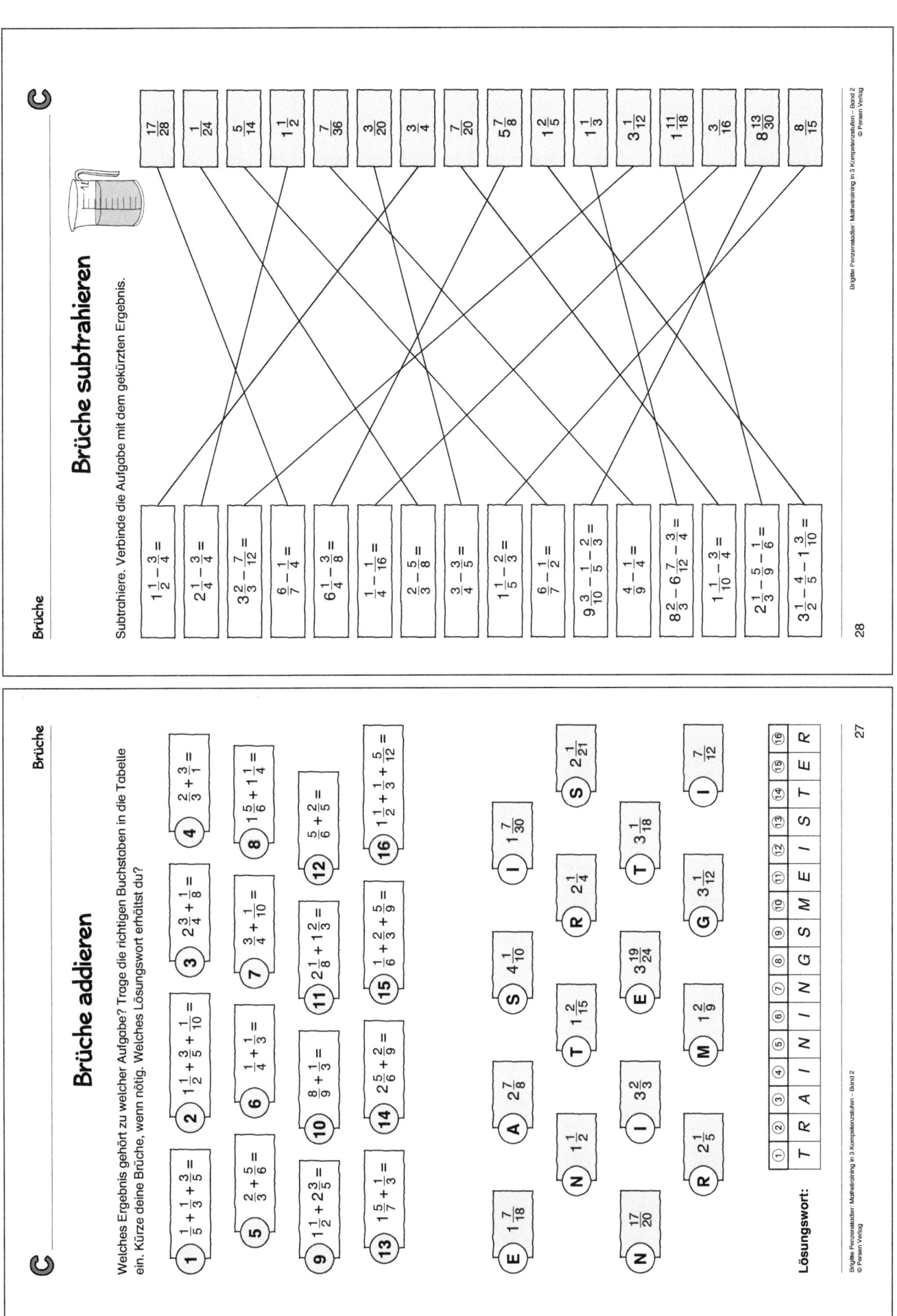

Lösungen

Dezimalzahlen

Dezimalzahlensudoku

Fülle die leeren Felder so aus, dass in jeder Zeile, jeder Spalte und in jedem 3×3-Kästchen alle Zahlen von 0,1 bis 0,9 jeweils einmal vorkommen.

0,3	0,5	0,8	0,2	0,9	0,4	0,1	0,6	0,7
0,7	0,2	0,1	0,5	0,6	0,3	0,4	0,8	0,9
0,9	0,4	0,6	0,7	0,1	0,8	0,3	0,2	0,5
0,2	0,6	0,9	0,4	0,8	0,7	0,5	0,1	0,3
0,4	0,1	0,5	0,8	0,3	0,2	0,9	0,7	0,6
0,8	0,7	0,3	0,1	0,5	0,9	0,6	0,4	0,2
0,1	0,8	0,7	0,3	0,4	0,5	0,2	0,9	0,6
0,5	0,9	0,2	0,6	0,7	0,1	0,8	0,3	0,4
0,6	0,3	0,4	0,9	0,2	0,8	0,7	0,5	0,1

Brüche

Brüche dividieren

Rechne die Aufgaben. Finde deine Lösungen in den Ballons und male diese bunt an. Ein Ballon bleibt weiß, wie lautet dessen Zahl?

① $1\frac{1}{2} : 1\frac{1}{4} = 1\frac{1}{5}$
② $1\frac{2}{3} : \frac{1}{6} = 10$
③ $2\frac{1}{8} : 1\frac{3}{8} = 1\frac{6}{11}$
④ $4\frac{2}{5} : 2\frac{1}{10} = 2\frac{2}{21}$
⑤ $5\frac{1}{3} : 2\frac{1}{10} = 2\frac{34}{63}$
⑥ $3\frac{1}{16} : 1\frac{3}{8} = 2\frac{5}{22}$
⑦ $4\frac{3}{7} : 1\frac{9}{14} = 2\frac{16}{23}$
⑧ $2\frac{6}{15} : \frac{9}{30} = 8$
⑨ $3\frac{7}{10} : 1\frac{14}{10} = 1\frac{13}{24}$
⑩ $4\frac{2}{9} : 1\frac{12}{18} = 2\frac{8}{15}$
⑪ $2\frac{1}{3} : 1\frac{1}{6} = 2$
⑫ $6\frac{4}{5} : 1\frac{8}{10} = 3\frac{7}{9}$
⑬ $4\frac{3}{8} : 2\frac{9}{4} = 1\frac{1}{34}$
⑭ $5\frac{1}{5} : 4\frac{7}{10} = 1\frac{5}{47}$
⑮ $7\frac{1}{2} : 7\frac{1}{8} = 1\frac{1}{19}$
⑯ $2\frac{1}{4} : 1\frac{1}{16} = 2\frac{2}{17}$

Im weißen Ballon steht die Zahl:

$2\frac{2}{17}$

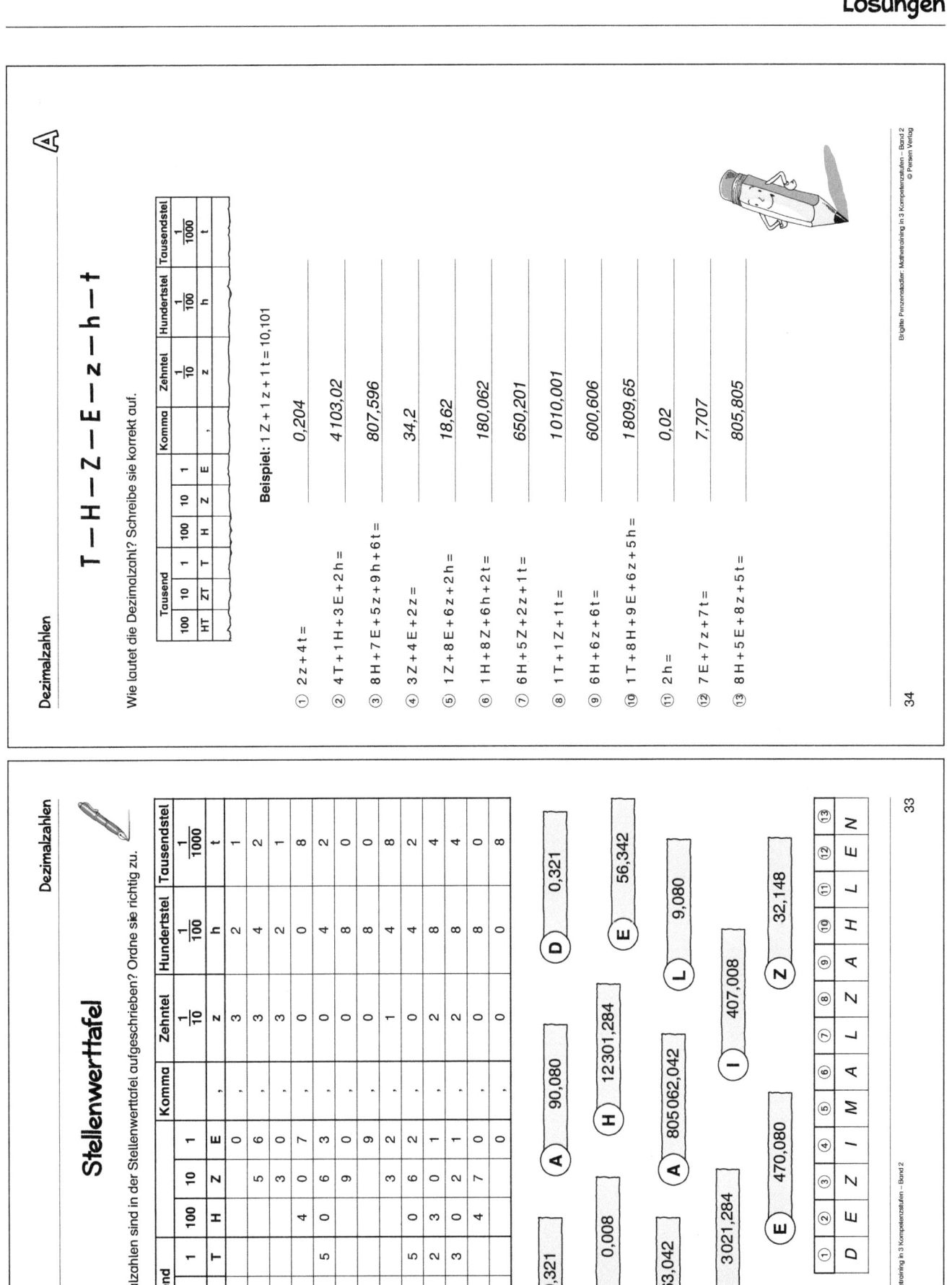

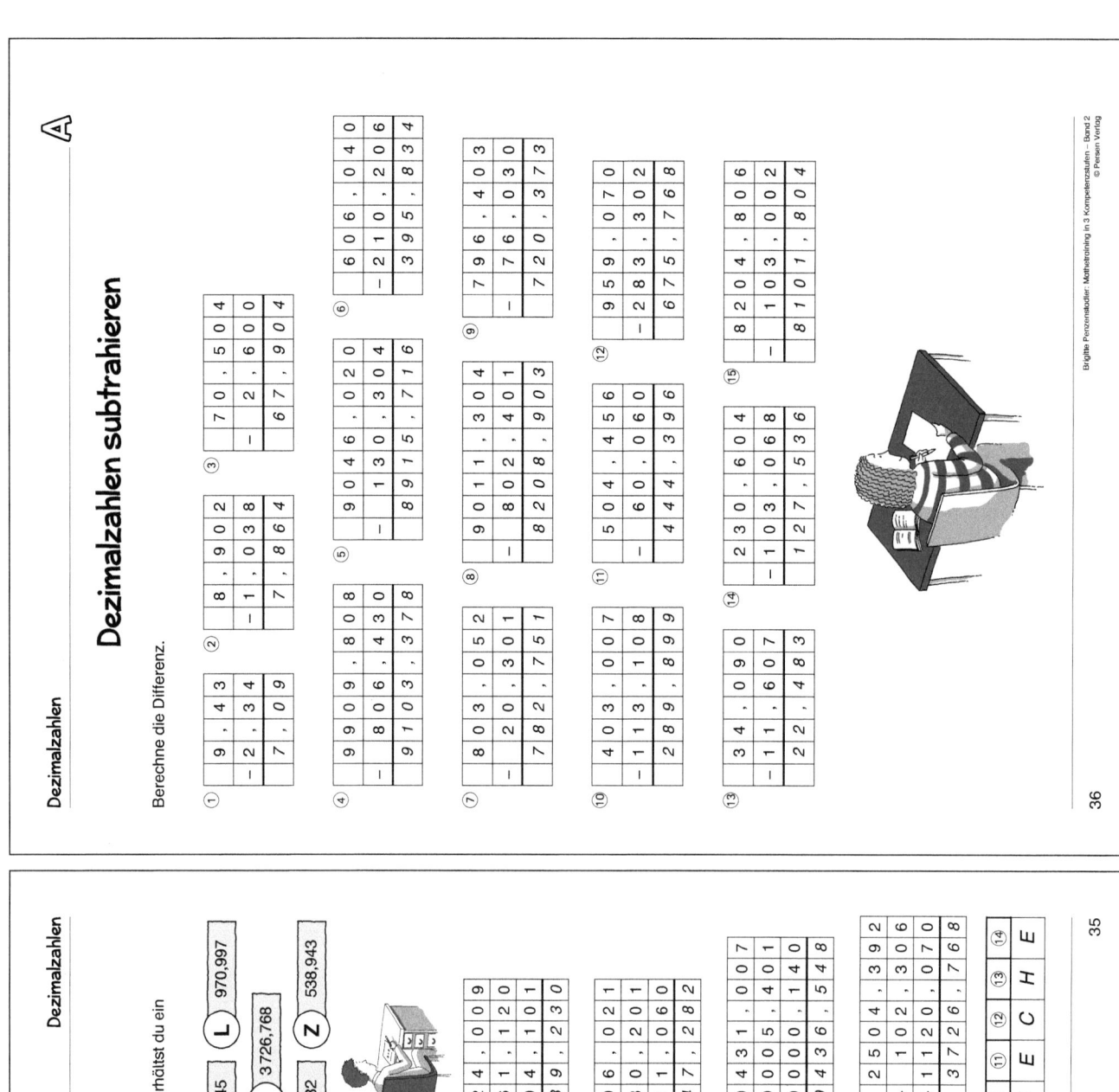

Lösungen

Dezimalzahlen

Dezimalzahlen dividieren

Löse die Aufgaben. Suche die Ergebnisse im Bild und male die Felder aus. Wenn du alle Rechnungen richtig gelöst hast, erhältst du eine Figur.

① 5 : 10 = 0,5
② 12 : 100 = 0,12
③ 125 : 1000 = 0,125
④ 5 : 100 = 0,05
⑤ 971 : 1000 = 0,971
⑥ 97,1 : 10 = 9,71
⑦ 1205 : 1000 = 1,205
⑧ 303 : 1000 = 0,303
⑨ 75 : 10 = 7,5
⑩ 7,05 : 100 = 0,0705
⑪ 3,03 : 1000 = 0,00303
⑫ 1520 : 100 = 15,2
⑬ 209 : 1000 = 0,209
⑭ 20,9 : 1000 = 0,0209
⑮ 1,52 : 10 = 0,152

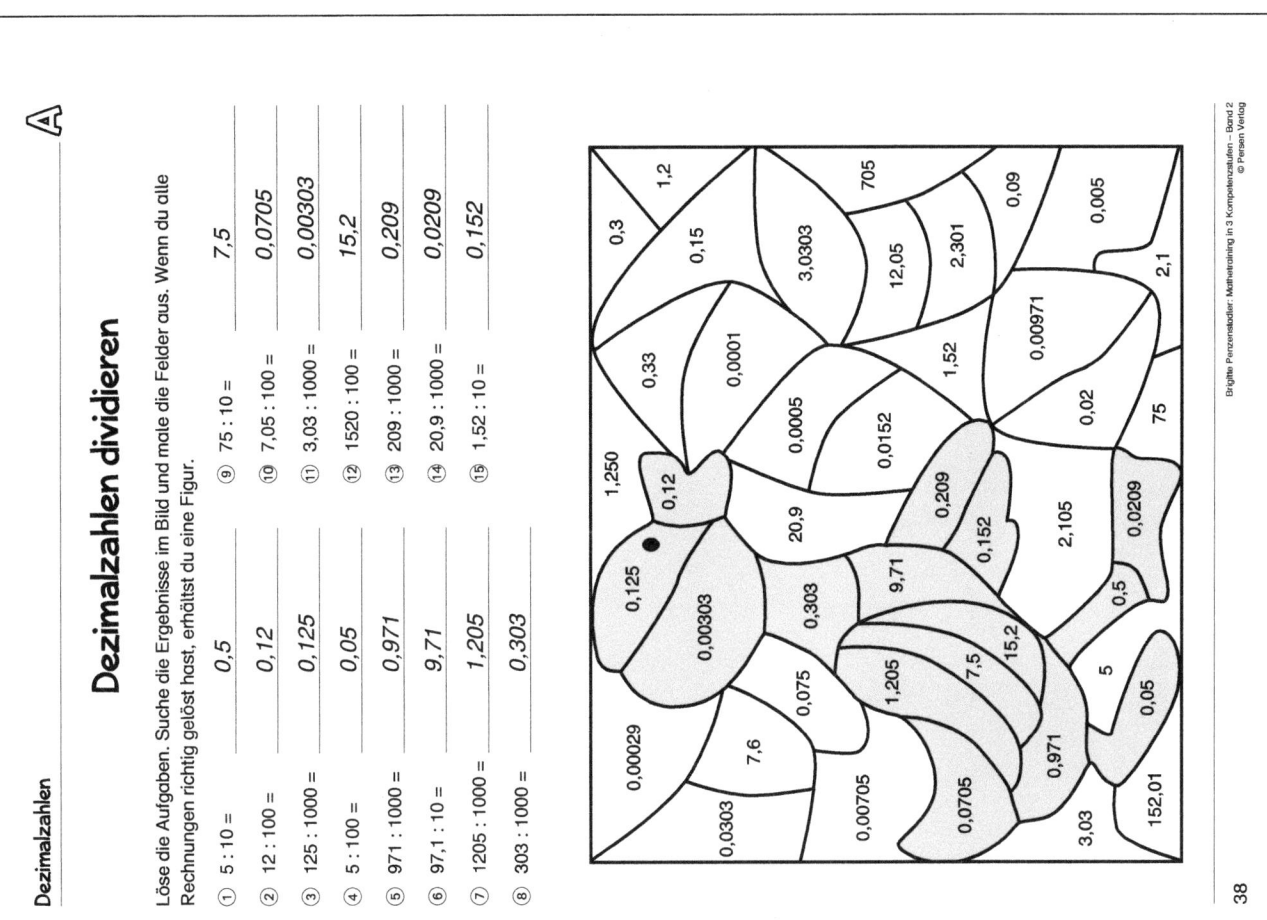

Dezimalzahlen

Dezimalzahlen multiplizieren

Löse die Aufgaben. Suche die Ergebnisse im Bild und male die Felder aus. Wenn du alle Rechnungen richtig gelöst hast, erhältst du eine Figur.

① 0,125 · 10 = 1,25
② 0,01 · 100 = 1
③ 0,7 · 1000 = 700
④ 5,3 · 100 = 530
⑤ 0,7 · 0,1 = 0,07
⑥ 0,125 · 0,01 = 0,00125
⑦ 0,2 · 0,01 = 0,002
⑧ 0,07 · 0,1 = 0,007
⑨ 0,0125 · 10 = 0,125
⑩ 0,1 · 100 = 10
⑪ 0,07 · 100 = 7
⑫ 0,053 · 1000 = 53
⑬ 0,53 · 0,1 = 0,053
⑭ 0,2 · 0,001 = 0,0002
⑮ 2 · 0,01 = 0,02
⑯ 0,1 · 0,1 = 0,01

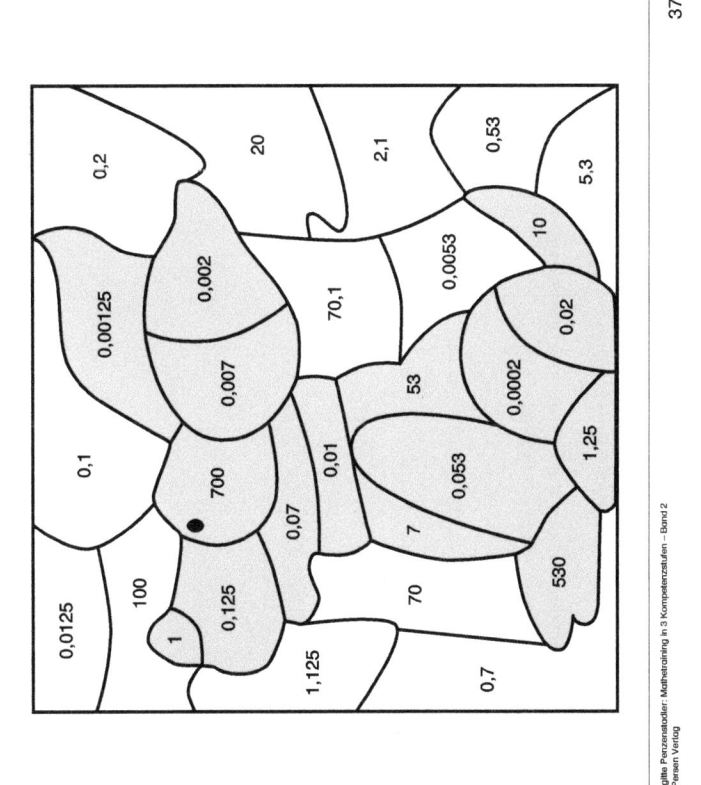

Lösungen

Dezimalzahlen

Stellenwerttafel

Trage folgende Dezimalzahlen in die Stellenwerttafel ein.

① 504,301
② 5,003
③ 4,706
④ 0,047
⑤ 403,12
⑥ 800,03
⑦ 8,001
⑧ 20,004
⑨ 90503,05
⑩ 909300,088
⑪ 70799,077
⑫ 23200,009

	Tausend				Komma	Zehntel	Hundertstel	Tausendstel
①		5	0	4	,	3	0	1
②				5	,	0	0	3
③				4	,	7	0	6
④				0	,	0	4	7
⑤		4	0	3	,	1	2	
⑥		8	0	0	,	0	3	
⑦				8	,	0	0	1
⑧			2	0	,	0	0	4
⑨	9	0	5	0	3	,	0	5
⑩	9	0	9	3	0	0	,	0	8	8
⑪	7	0	7	9	9	,	0	7	7
⑫	2	3	2	0	0	,	0	0	9

Dezimalzahlen

Dezimalzahlensudoku

Fülle die leeren Felder so aus, dass in jeder Zeile, jeder Spalte und in jedem 3·3-Kästchen alle Zahlen von 0,1 bis 0,9 jeweils einmal vorkommen.

0,3	0,5	0,8	0,2	0,9	0,4	0,1	0,6	0,7
0,7	0,2	0,1	0,5	0,6	0,3	0,4	0,8	0,9
0,9	0,4	0,6	0,7	0,1	0,8	0,3	0,2	0,5
0,2	0,6	0,9	0,4	0,3	0,7	0,5	0,1	0,8
0,4	0,1	0,5	0,8	0,2	0,9	0,6	0,7	0,3
0,8	0,7	0,3	0,1	0,5	0,6	0,9	0,4	0,2
0,1	0,8	0,7	0,3	0,4	0,5	0,2	0,9	0,6
0,5	0,9	0,2	0,6	0,7	0,1	0,8	0,3	0,4
0,6	0,3	0,4	0,9	0,8	0,2	0,7	0,5	0,1

Lösungen

Dezimalzahlen ordnen

Verbinde die Dezimalzahlen in der richtigen Reihenfolge. Beginne mit der größten Zahl.

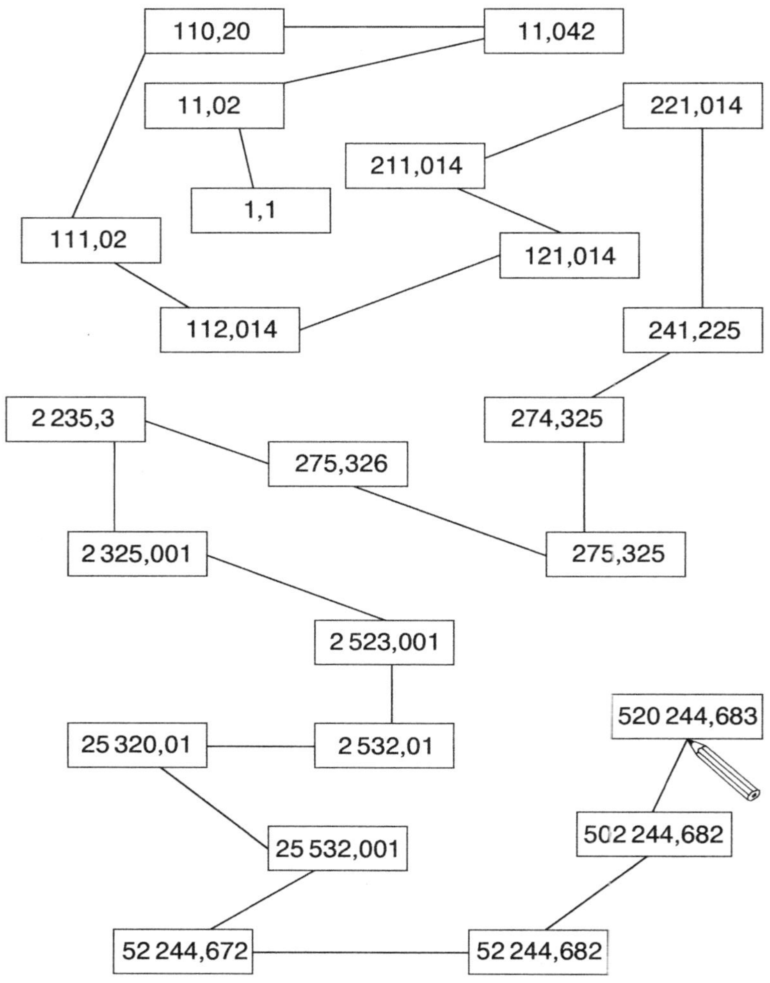

Dezimalzahlen addieren

Ergänze bei den Additionen die fehlenden Ziffern. Wenn du alle Aufgaben richtig gelöst hast, erhältst du einen Lösungssatz.

Lösungssatz: K O M M A U N T E R K O M M A

Lösungen

Dezimalzahlen subtrahieren

Dezimalzahlen

Subtrahiere die Dezimalzahlen.

① 1 406,321 − 406,21 − 0,46 = 999,651
② 813,604 − 22,45 − 0,17 = 790,984
③ 706,21 − 74,31 − 304,801 = 327,099
④ 65 037,116 − 4 021,62 − 80,74 = 60 934,756
⑤ 508,213 − 409,84 − 3,891 = 94,482
⑥ 40 437,902 − 5 054,81 − 7 008,42 = 28 374,672
⑦ 80 763 − 404,24 − 3 300,89 = 77 057,87
⑧ 3 340,89 − 44,21 − 55,012 = 3 241,668
⑨ 1 111,088 − 112,33 − 444,422 = 554,336
⑩ 2 460,468 − 1,579 − 976,03 = 1 482,859
⑪ 6 084,93 − 2 206,781 − 442,244 = 3 435,905
⑫ 1 106,254 − 40,02 − 250,801 = 815,433
⑬ 1 930,39 − 537,82 − 448,1 − 603,822 = 340,648
⑭ 849,906 − 8,655 − 509,478 − 13,066 = 318,707
⑮ 514,18 − 9,455 − 24,803 − 97,84 = 382,082

43

Dezimalzahlen multiplizieren

Dezimalzahlen

Multipliziere die Dezimalzahlen.

① 50 · 0,01 = 0,5
② 12 · 1,1 = 13,2
③ 4,4 · 0,1 = 0,44
④ 1,3 · 2,31 = 3,003
⑤ 15 · 5,005 = 75,075
⑥ 3,02 · 4,04 = 12,2008
⑦ 2,16 · 2,4 = 5,184
⑧ 0,45 · 84,8 = 38,16
⑨ 7,2 · 1,6 = 11,52
⑩ 8,4 · 1,501 = 12,6084
⑪ 12,24 · 1,2 = 14,688
⑫ 9,889 · 0,31 = 3,06559
⑬ 7,992 · 0,772 = 6,169824
⑭ 5,505 · 0,499 = 2,746995
⑮ 2,706 · 7,026 = 19,012356
⑯ 3,201 · 10,306 = 32,989506
⑰ 4,804 · 11,123 = 53,434892

44

Lösungen

C Dezimalzahlen

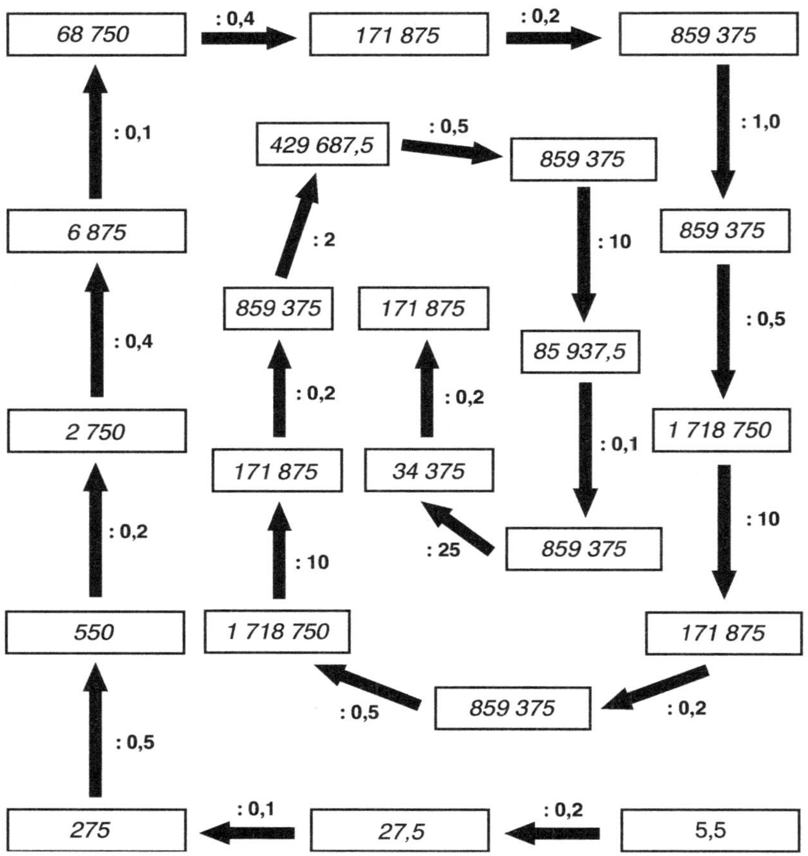

Dezimalzahlensudoku

Fülle die leeren Felder so aus, dass in jeder Zeile, jeder Spalte und in jedem 3×3-Kästchen alle Zahlen von 0,1 bis 0,9 jeweils einmal vorkommen.

0,3	0,5	0,8	0,2	0,9	0,4	0,1	0,6	0,7
0,7	0,2	0,1	0,5	0,6	0,3	0,4	0,8	0,9
0,9	0,4	0,6	0,7	0,1	0,8	0,3	0,2	0,5
0,2	0,6	0,9	0,4	0,3	0,7	0,5	0,1	0,8
0,4	0,1	0,5	0,8	0,2	0,9	0,6	0,7	0,3
0,8	0,7	0,3	0,1	0,5	0,6	0,9	0,4	0,2
0,1	0,8	0,7	0,3	0,4	0,5	0,2	0,9	0,6
0,5	0,9	0,2	0,6	0,7	0,1	0,8	0,3	0,4
0,6	0,3	0,4	0,9	0,8	0,2	0,7	0,5	0,1

46

B Dezimalzahlen

Dezimalzahlen dividieren

Löse die Aufgaben in Pfeilrichtung nacheinander.

859 375 → :1,0 → 859 375 → :0,5 → 1 718 750 → :10 → 171 875 → :0,2 ↓

↑ :0,2

171 875

↑ :0,5

429 687,5 ← :2 ← 859 375 ← :0,2 ← 171 875 ← :10 ← 1 718 750

859 375 → :10 → 85 937,5 → :0,1 → 859 375 ↓

171 875 ← :0,2 ← 34 375 ← :25 ← 859 375 ↓ :0,5

↑ :0,4

68 750 ← :0,1 ← 6 875 ← :0,4 ← 2 750 ← :0,2 ← 550 ← :0,5 ← 275 ← :0,1 ← 27,5 ← :0,2 ← 5,5

45

Lösungen

Dezimalzahlen

− 0,001 und + 0,001

Wie lauten jeweils die vorherigen und die nachfolgenden Dezimalzahlen?

Dezimalzahlen		
− 0,001		**+ 0,001**
200,691	200,692	200,693
0,998	0,999	1
1,008	1,009	1,01
0,23	0,231	0,232
1,009	1,01	1,011
90,999	91	91,001
7,597	7,598	7,599
9,1	9,101	9,102
5	5,001	5,002
0,618	0,619	0,62
0,489	0,49	0,491
9,998	9,999	10
147,999	148	148,001
989,988	989,989	989,99
0,099	0,1	0,101
5,498	5,499	5,5

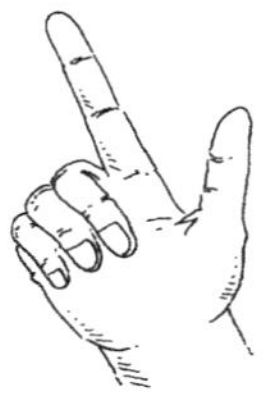

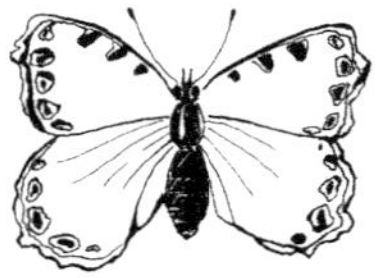

Dezimalzahlen

Dezimalzahlen ordnen

Schreibe die Dezimalzahlen der Größe nach geordnet auf. Beginne mit der kleinsten Zahl.

79 989 889,747   96 800,68
69 600,68   9 989 030,686   179 999 888,774
9 989 089,696   98 600,68   98 900,86
96 800,86   79 989 089,477   69 800,86
98 900,86   9 989 008,686   79 989 809,747
179 999 888,747   66 900,96   9 989 038,696
79 989 089,747   98 900,868   69 600,86   179 999 888,747

66 900,96 < 69 600,68 < 69 800,86 < 96 800,68 <
96 800,86 < 98 600,68 < 98 900,86 < 98 900,868 <
9 989 008,686 < 9 989 030,686 < 9 989 038,696 < 9 989 089,696 <
79 989 089,477 < 79 989 089,747 < 79 989 809,747 < 79 989 889,747 <
179 999 888,747 < 179 999 888,774

Lösungen

Dezimalzahlen

Dezimalzahlen addieren

Addiere die Dezimalzahlen.

① 1008,65 + 14,71 + 8030,65 =   9054,01
② 7513,804 + 2009,31 + 4103,015 =   13626,129
③ 2207,34 + 1103,41 + 905,634 =   4216,384
④ 44075,9 + 23409,21 + 7006,01 =   74491,12
⑤ 8129,706 + 405,607 + 6051,27 =   14586,583
⑥ 401,654 + 6098,2 + 21057,024 =   27556,878
⑦ 50043,21 + 5231,89 + 2120,948 =   57396,048
⑧ 1023,42 + 9253,096 + 6001,57 =   16278,086
⑨ 13119,1 + 462,87 + 200,8 + 0,2 =   13782,97
⑩ 3214,8 + 712,402 + 14,002 + 31,41 =   3972,614
⑪ 120,457 + 43,201 + 110,33 + 20,006 = 293,994
⑫ 3101,01 + 2004,5 + 98,2 + 4160,402 = 9364,112
⑬ 842,06 + 13136,708 + 4,43 + 81,56 =   14064,758
⑭ 560,2 + 506178,9 + 120,63 + 1,22 =   506860,95
⑮ 48,64 + 7427,501 + 34,063 + 0,1 =   7510,304

Dezimalzahlen

Dezimalzahlen subtrahieren

Löse die Aufgaben und trage die Ergebnisse ohne Komma in das Kreuzworträtsel ein.

① 1332,9 − 48,96 − 3,904 =   1280,036
② 803,568 − 24,97 − 145,89 =   632,708
③ 413,399 − 4,019 − 24,42 =   384,96
④ 2202,276 − 3,81 − 50,79 =   2147,676
⑤ 1355,093 − 1,01 − 67,419 =   1286,664
⑥ 446,001 − 220,01 − 4,207 =   221,784
⑦ 541,522 − 12,01 − 9,212 =   520,3
⑧ 735,905 − 0,26 − 31,1 =   704,545
⑨ 217,111 − 124,6 − 25,01 =   67,501
⑩ 2401,1 − 100,01 − 26,11 =   2274,98
⑪ 4706,953 − 483,7 − 563,2 =   3660,053
⑫ 358,525 − 10,02 − 11,11 =   337,395
⑬ 190,473 − 20,01 − 123,567 =   46,896
⑭ 26,811 − 20,2 − 1,679 =   4,932
⑮ 344,623 − 47,021 − 3,1 =   294,502

Lösungen

Dezimalzahlen multiplizieren

Dezimalzahlen

Multipliziere.

① 12,61 · 0,45 = 5,6745
② 1,001 · 10,1 = 10,1101
③ 5,555 · 0,147 = 0,816585
④ 1,971 · 1,209 = 2,382939
⑤ 6,01 · 3,3 = 19,833
⑥ 212,12 · 0,99 = 209,9988
⑦ 7,089 · 9,001 = 63,808089
⑧ 5,43 · 8,88 = 48,2184
⑨ 40,04 · 4,004 = 160,32016
⑩ 23,1 · 14,01 = 323,631
⑪ 18,05 · 20,05 = 361,9025
⑫ 1,94 · 19,41 = 37,6554
⑬ 0,918 · 12,09 = 11,09862
⑭ 15,015 · 5,105 = 76,651575
⑮ 4,998 · 8,3 = 41,4834
⑯ 3,68 · 0,164 = 0,60352
⑰ 6,78 · 8,76 = 59,3928
⑱ 8,001 · 1,01 = 8,08101
⑲ 16,07 · 7,016 = 112,74712
⑳ 15,2 · 0,05 = 0,76

Dezimalzahlen dividieren

Dezimalzahlen

Dividiere die Zahlen. Wenn du alle Aufgaben richtig gelöst hast, erhältst du ein Lösungswort.

① 1,864 : 0,2 = 9,32
② 6,888 : 0,6 = 11,48
③ 3,45 : 1,5 = 2,3
④ 2,468 : 2 = 1,234
⑤ 5,3 : 0,05 = 106
⑥ 9,15 : 0,015 = 610
⑦ 10,8 : 1,25 = 8,64
⑧ 9,999 : 3,333 = 3
⑨ 21,28 : 0,7 = 30,4
⑩ 4,95 : 0,006 = 825
⑪ 0,36 : 1,5 = 0,24
⑫ 5,25 : 2,5 = 2,1
⑬ 9,125 : 1,25 = 7,3
⑭ 8,04 : 0,4 = 20,1
⑮ 56,32 : 12,8 = 4,4
⑯ 6,155 : 0,05 = 123,1
⑰ 6,1 : 0,008 = 762,5
⑱ 40,4 : 0,4 = 101
⑲ 190,65 : 15,5 = 12,3

D 9,32 | Z 3 | I 123,1 | E 4,4 | I 1,234
H 825 | N 7,3 | E 11,48 | A 30,4 | L 0,24
A 610 | Z 2,3 | L 8,64 | N 12,3 | E 101
E 2,1 | T 20,1 | L 762,5 | M 106

Lösungswort:

①	②	③	④	⑤	⑥	⑦	⑧	⑨	⑩	⑪	⑫	⑬	⑭	⑮	⑯	⑰	⑱	⑲
D	E	Z	I	M	A	L	Z	A	H	L	E	N	T	E	I	L	E	N

Lösungen

Terme und Gleichungen

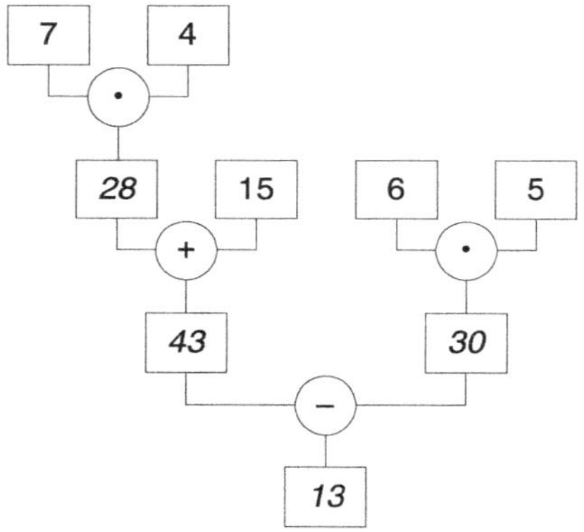

Terme ordnen und zusammenfassen

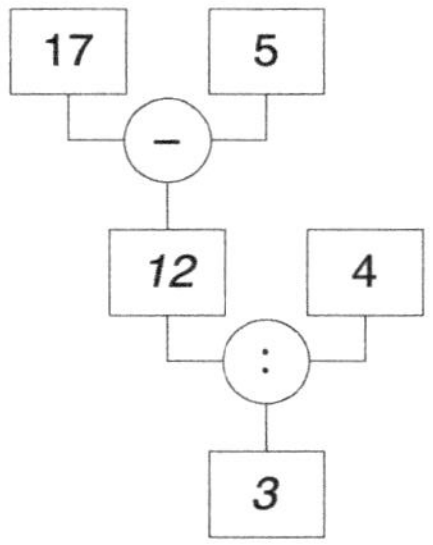

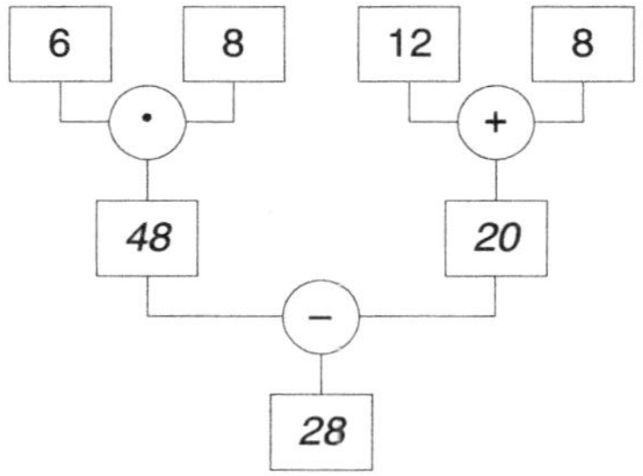

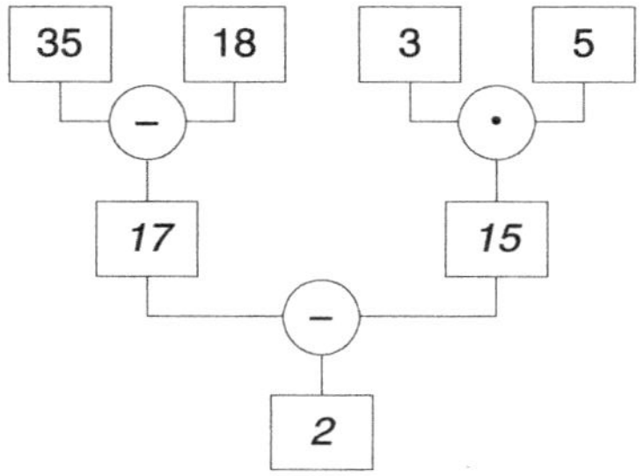

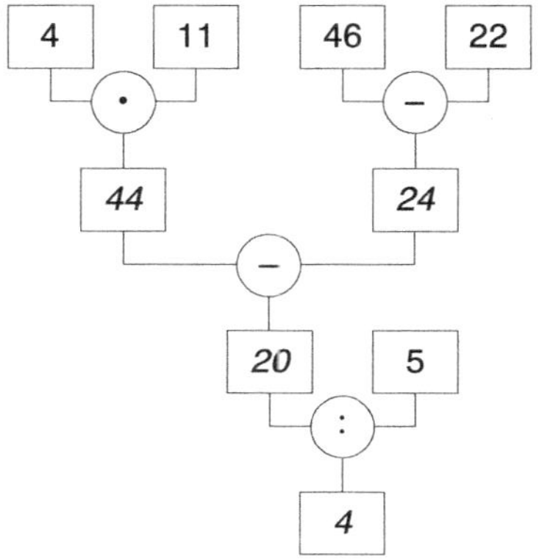

Löse die Aufgaben.

① 6a + 3b − a + 7b =
   6a − a + 3b + 7b = 5a + 10b

② 20x + 15y − 12x − 8y + 2 =
   20x − 12x + 15y − 8y + 2 = 8x + 7y + 2

③ 17p − 12q + 15q − 12p =
   17p − 12p − 12q + 15q = 5p + 3q

④ 4x − 10y + 5z + 18y + 14x + 13y =
   4x + 14x − 10y + 18y + 13y + 5z = 18x + 21y + 5z

⑤ 9a − 10b + 25b − 4a + 7c =
   9a − 4a − 10b + 25b + 7c = 5a + 15b + 7c

⑥ 8m − 4n + 2o − 8m + 6n + 2o =
   8m − 8m − 4n + 6n + 2o + 2o = 2n + 4o

⑦ 4a − 3b + 6c + 8b + 7a =
   4a + 7a − 3b + 8b + 6c = 11a + 5b + 6c

⑧ 22d + 4e − 12d + 8f + 13e − 5f =
   22d − 12d + 4e + 13e + 8f − 5f = 10d + 17e + 3f

⑨ 26n + 14m − 19n + 13 − 6 − 4m =
   26n − 19n + 14m − 4m + 13 − 6 = 7n + 10m + 7

⑩ 15,5p − 12,5p − 3o + 4 + 6o =
   15,5p − 12,5p − 3o + 6o + 4 = 3p + 3o + 4

Terme und Gleichungen

Terme berechnen

Berechne die fehlenden Zahlen.

Lösungen

A

Terme und Gleichungen

Fehlerhafte Gleichungen

Hier hat der Fehlerteufel zugeschlagen. Suche den Fehler und verbessere.

① $16 + x = 51 \mid +16$ $16 + x = 51 \mid -16$
    $\cancel{x = 67}$ $x = 35$

② $2x - 10 = 50 \mid +10$
    $2x = 60 \mid \cancel{\cdot 2}$ $2x = 60 \mid :2$
    $\cancel{x = 120}$ $x = 30$

③ $2 + x + 21 = 34 + 3$
    $23 + x = \cancel{31} \mid -23$ $23 + x = 37 \mid -23$
    $\cancel{x = 8}$ $x = 14$

④ $18 - 5 + 3x + 3 = 28$
    $\cancel{10} + 3x = 28 \mid \cancel{-10}$ $16 + 3x = 28 \mid -16$
    $3x = \cancel{18} : 3$ $3x = 12 \mid :3$
    $\cancel{x = 6}$ $x = 4$

⑤ $2x + 28 - 3 + 3x = 50$
    $5x + 25 = 50 \mid \cancel{+25}$ $5x + 25 = 50 \mid -25$
    $5x = \cancel{75} \mid :5$ $5x = 25 \mid :5$
    $\cancel{x = 15}$ $x = 5$

⑥ $x + 12{,}3 - 8{,}1 = 21$
    $x + \cancel{20{,}4} = 21 \mid \cancel{-20{,}4}$ $x + 4{,}2 = 21 \mid -4{,}2$
    $\cancel{x = 0{,}6}$ $x = 16{,}8$

A

Terme und Gleichungen

Gleichungen lösen

Welche Zahl verbirgt sich hinter x?

① $x - 16 = 24 \mid +16$
    $x = 40$

② $x + 28 = 50 \mid -28$
    $x = 22$

③ $12 + x = 49 \mid -12$
    $x = 37$

④ $6 \cdot x = 42 \mid :6$
    $x = 7$

⑤ $x - 48 = 24 \mid +48$
    $x = 72$

⑥ $x \cdot 9 = 54 \mid :9$
    $x = 6$

⑦ $x - 35 = 9 \mid +35$
    $x = 44$

⑧ $38 - x = 25 \mid +x$
    $38 = 25 + x \mid -25$
    $x = 13$

⑨ $72 : x = 8 \mid \cdot x$
    $72 = 8x \mid :8$
    $x = 9$

⑩ $47 - x = 21 \mid +x$
    $47 = 21 + x \mid -21$
    $x = 26$

⑪ $x - 53 = 28 \mid +53$
    $x = 81$

⑫ $x : 11 = 8 \mid \cdot 11$
    $x = 88$

⑬ $x + 45 = 99 \mid -45$
    $x = 54$

⑭ $84 : x = 12 \mid \cdot x$
    $84 = 12 \cdot x \mid :12$
    $x = 7$

Lösungen

B — Terme und Gleichungen

Terme berechnen

Berechne den Term.

① $(12 + 9) - 5 + 17 - 19 =$ _14_
② $(28 - 14) + 49 - 36 - 4 =$ _23_
③ $5 \cdot 15 - 24 + 12 =$ _63_
④ $17 \cdot 8 - 14 \cdot 5 =$ _66_
⑤ $23 + (12 \cdot 3) - 28 =$ _31_
⑥ $4 \cdot 19 - 13 \cdot 3 =$ _37_
⑦ $7 \cdot (19 - 7) =$ _84_
⑧ $(47 - 17) \cdot 3 =$ _90_
⑨ $(90 + 18) : 6 =$ _18_
⑩ $(4 \cdot 14 + 5 \cdot 19 + 2) : 9 =$ _17_
⑪ $11 \cdot 3 + 65 : 13 - (6 + 12) =$ _20_
⑫ $(4 \cdot 16 - 3 \cdot 12) + 8 =$ _36_
⑬ $162 - (8 \cdot 19 - 2 \cdot 5) + 44 =$ _64_

(R) 84 (M) 66 (Z) 90 (K) 14 (L) 23 (R) 20
(U) 18 (S) 36
(E) 17 (T) 64 (M) 31 (E) 37 (A) 63

Wie lautet die Rechenregel?

①	②	③	④	⑤	⑥	⑦	⑧	⑨	⑩	⑪	⑫	⑬
K	L	A	M	M	E	R	Z	U	E	R	S	T

A — Terme und Gleichungen

Gleichungen erstellen

Löse mithilfe von Gleichungen.

Tipp:
hinzufügen, addieren: +
Summe: (... + ...)
das ...-fache, multiplizieren: ·
Produkt: (... · ...)
das Doppelte, verdoppeln: · 2
eine Zahl: x

vermindern, subtrahieren: –
Differenz: (... – ...)
dividieren, der ... Teil: :
Quotient: (... : ...)
die Hälfte, halbieren: : 2
so erhält man, hat denselben Wert wie, um ... zu erhalten: =

① Von welcher Zahl muss man 2 subtrahieren, um das Produkt aus 3 und 7 zu erhalten?
$x - 2 = 3 \cdot 7$
$x - 2 = 21 \mid + 2$
$x = 23$

② Zu welcher Zahl muss man 5 addieren, um den Quotienten aus 63 und 7 zu erhalten?
$x + 5 = 63 : 7$
$x + 5 = 9 \mid - 5$
$x = 4$

③ Fügt man x zur Summe der Zahlen 7 und 18 hinzu, so erhält man 38.
$x + (7 + 18) = 38$
$x + 25 = 38 \mid - 25$
$x = 13$

④ Vermindert man das Doppelte einer Zahl um 18, so erhält man die Differenz der Zahlen 23 und 11.
$2x - 18 = 23 - 11$
$2x - 18 = 12 \mid + 18$
$2x = 30 \mid : 2$
$x = 15$

⑤ Das 3-fache einer Zahl um 10 vermehrt, hat denselben Wert wie die Hälfte von 44.
$3x + 10 = 44 : 2$
$3x + 10 = 22 \mid - 10$
$3x = 12 \mid : 3$
$x = 4$

Lösungen

Terme und Gleichungen

Gleichungen lösen

Welche Zahl verbirgt sich hinter x?

① 4 x + 6 − 5 + 14 = 35
   4 x + 15 = 35 | − 15
   4 x = 20 | : 4
   x = 5

② 1 x + 9 − 6 + 6 x + 6 − 1 x = 33
   6 x + 9 = 33 | − 9
   6 x = 24 | : 6
   x = 4

③ 5 − 2 x + 4 x − 2 + 8 = 27
   2 x + 11 = 27 | − 11
   2 x = 16 | : 2
   x = 8

④ 12 − 8 x + 24 + 13 x − 16 = 65
   20 + 5 x = 65 | − 20
   5 x = 45 | : 5
   x = 9

⑤ 18 + 5 x − 4 x − 12 + 3 x = 15 + 87 − 60
   6 + 4 x = 42 | − 6
   4 x = 36 | : 4
   x = 9

⑥ 12 x − 3 = 11 · 3
   12 x − 3 = 33 | + 3
   12 x = 36 | : 12
   x = 3

⑦ 26 − 4 x + 6 · 2 + 8 x = 5 · 2 · 7
   38 + 4 x = 70 | − 38
   4 x = 32 | : 4
   x = 8

⑧ 15 : 3 + 6 + 14 x − 9 = 6 · 7 − 1
   11 + 5 x = 41 | − 11
   5 x = 30 | : 5
   x = 6

60

Terme und Gleichungen

Terme ordnen und zusammenfassen

Löse die Aufgaben.

① 12a + 3b + 4a + 7b − 2b =
   12a + 4a + 3b + 7b − 2b = 16a + 8b

② 16a − 4b + 6c − 10a − 4c + 8b =
   16a − 10a + 8b − 4b + 6c − 4c = 6a + 4b + 2c

③ 12b − 16a + 20a − 6b + 14a − 3b =
   12b − 6b − 3b + 20a − 16a + 14a = 3b + 18a

④ 9x + 14y + 33 − 11 − 3y + 2x =
   9x + 2x + 14y − 3y + 33 − 11 = 11x + 11y + 22

⑤ 48x + 57y − 19x + 3 · 6 − 42y + 2 − 13x =
   48x − 19x − 13x + 57y − 42y + 18 + 2 = 16x + 15y + 20

⑥ 144a − 43a + 160 − 74b + 18a + 200b − 47 − 3b =
   144a − 43a + 18a + 160 − 47 + 200b − 74b − 3b = 119a + 123b + 113

⑦ 12a + 60c − 14b + 6a − 49c − 3a + 20b =
   12a + 6a − 3a + 20b − 14b + 60c − 49c = 15a + 6b + 11c

⑧ 162c − 16c + 62a − 14c + 71b − 19a − 37b − 18b − 100c =
   162c − 16c − 14c − 100c + 62a − 19a + 71b − 37b − 18b = 32c + 43a + 16b

⑨ 249a − 16c + 59b − 210a + 46c − 13b − 9c − 8a + 4b =
   249a − 210a − 8a + 59b − 13b + 4b + 46c − 16c − 9c = 31a + 50b + 21c

⑩ 99c − 41y − 53c + 16 + 72y + 23x − 4 − 31y =
   99c − 53c + 72y − 31y − 41y + 16 − 4 + 23x = 46c + 12 + 23x

59

Lösungen

Terme und Gleichungen

Gleichungen erstellen

① Ordne den Begriffen die entsprechenden Rechenzeichen zu.

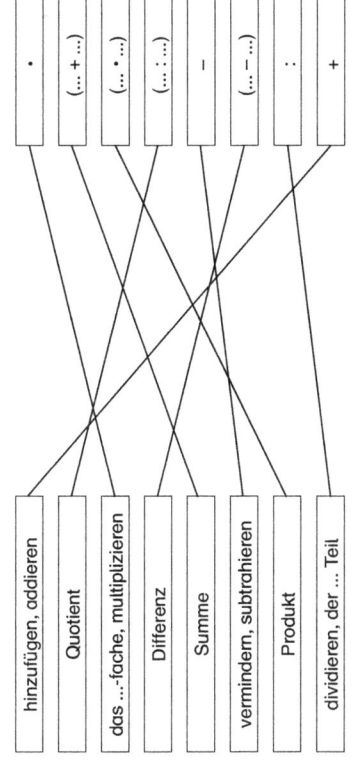

- hinzufügen, addieren — +
- Quotient — (...:...)
- das ...-fache, multiplizieren — ·
- Differenz — (...−...)
- Summe — (...+...)
- vermindern, subtrahieren — −
- Produkt — ·
- dividieren, der ... Teil — :

② Löse mithilfe einer Gleichung.

a) Das 4-fache einer Zahl und 28 ist genau so groß wie das Produkt der Zahlen 7 und 9 addiert mit 17.

$4x + 28 = 7 \cdot 9 + 17$ $\quad 4x = 52 \mid : 4$
$4x + 28 = 80 \mid -28$ $\quad x = 13$

b) Welche Zahl muss man vom Quotienten der Zahlen 133 und 7 subtrahieren, um das Produkt aus 4 und 3 zu erhalten?

$(133 : 7) - x = 4 \cdot 3$ $\quad 19 = 12 + x \mid -12$
$19 - x = 12 \mid +x$ $\quad x = 7$

c) Addiert man zur Differenz der Zahlen 96 und 52 das Doppelte einer Zahl, so erhält man 79 vermindert um 13.

$(96 - 52) + 2x = 79 - 13$ $\quad 2x = 22 \mid : 2$
$44 + 2x = 66 \mid -44$ $\quad x = 11$

d) Wird von einer Zahl die Summe der Zahlen 23 und 18 subtrahiert, so erhält man das Produkt der Zahlen 11 und 9 vermindert um 18.

$x - (23 + 18) = (11 \cdot 9) - 18$ $\quad x - 41 = 81 \mid +41$
$x - 41 = 99 - 18$ $\quad x = 122$

Terme und Gleichungen

Fehlerhafte Gleichungen

Hier hat der Fehlerteufel zugeschlagen. Suche den Fehler und verbessere.

① $12x - 14 - 2x + 20 - 4 = 22$
~~14x~~ $+ 2 = 22 \mid$ ~~+2~~
~~14x = 24~~ $\mid$ ~~:14~~
~~x = 10~~

$10x + 2 = 22 \mid -2$
$10x = 20 \mid : 10$
$x = 2$

② $4x + 3 - x - 2 + x + 15 = 32$
~~2x~~ $+ 16 = 32 \mid -16$
~~2x = 16~~ $\mid$ ~~:2~~
~~x = 8~~

$4x + 16 = 32 \mid -16$
$4x = 16 \mid : 4$
$x = 4$

③ $26 - 4x + 2 \cdot (6 - 4) + 12x = 78$
$26 - 4x + 4 + 12x = 78$
$30 + 8x = 78 \mid$ ~~−30~~
$8x =$ ~~108~~ $\mid : 8$
~~x = 13,5~~

$30 + 8x = 78 \mid -30$
$8x = 48 \mid : 8$
$x = 6$

④ $6x + 60 - 9 \cdot 12 + 73 - 2x + 8x = 61$
$6x + 60 - 108 + 73 - 2x + 8x = 61$
$12x +$ ~~35~~ $= 61 \mid$ ~~+35~~
$12x =$ ~~96~~ $\mid : 12$
~~x = 8~~

$12x + 25 = 61 \mid -25$
$12x = 36 \mid : 12$
$x = 3$

⑤ $3 \cdot 7 + 5x + 18 = 4 \cdot 3 + 52$
$21 + 5x + 18 = 64$
~~4~~ $+ 5x = 64 \mid$ ~~−4~~
$5x =$ ~~60~~ $\mid : 5$
~~x = 12~~

$39 + 5x = 64 \mid -39$
$5x = 25 \mid : 5$
$x = 5$

⑥ $14x + 119 : 7 + 4 \cdot 3x = 199$
$14x + 17 + 12x = 199$
~~2x~~ $+ 17 = 199 \mid -17$
~~2x~~ $= 182 \mid$ ~~:2~~
~~x = 91~~

$26x + 17 = 199 \mid -17$
$26x = 182 \mid : 26$
$x = 7$

Lösungen

Terme und Gleichungen

Terme ordnen und zusammenfassen

Löse die Aufgaben.

① $32a + 40b - 2 \cdot 14a + 3 \cdot 5b - 4 \cdot 12b =$
$32a - 28a + 40b + 15b - 48b = 4a + 7b$

② $96b - 12b - 46a - 33b - 7a \cdot 4 + 4a =$
$96b - 12b - 33b - 46a - 28a + 4a = 51b - 70a$

③ $99c : 11 - 37a \cdot 7 \cdot 9c + 46a - 2a + 6c - b =$
$9c + 63c + 6c - 37a + 46a - 2a - b = 78c + 7a - b$

④ $3 \cdot (x - 3y) + 4x + 7y =$
$3x + 4x - 9y + 7y = 7x - 2y$

⑤ $34y - (6 \cdot y \cdot 4) + (9x - x \cdot 4) - y + 152 : 19 =$
$34y - 24y - y + 9x - x + 8 + 4 = 9y + 8x + 12$

⑥ $(6y - 8x) + (14x + 3y) - 4x + 68 : 17 =$
$6y + 3y - 8x + 14x - 4x + 4 = 9y + 2x + 4$

⑦ $18x + 15 \cdot (7 - x) + 12y + (8 + 3x) \cdot 2 =$
$18x - 15x + 6x + 105 + 16 + 12y = 9x + 121 + 12y$

⑧ $8 \cdot 4z - 102x : 17 + 4 \cdot 7 + 30x - 12z =$
$32z - 12z - 6x + 30x + 28 = 20z + 24x + 28$

⑨ $(8 - 4 \cdot 12b) \cdot 2 + 18 + 48b + 13a - 12a =$
$16 + 18 - 96b + 48b + 13a - 12a = 34 - 48b + a$

⑩ $15 \cdot 2q - 4 \cdot 9p - 11o + (7 \cdot 6o - 1o) + 50p - 2 \cdot 5q + 10 =$
$30q - 10q - 36p + 50p - 11o + 41o + 10 = 20q + 14p + 30o + 10$

⑪ $1{,}5 \cdot (8 - 6x) + 5 \cdot 6y + 4 \cdot 0{,}5x - 30y + 3x + 15 =$
$12 + 15 - 9x + 2x + 3x + 30y - 30y + 27 - 4x$

⑫ $(2{,}346 + 2{,}654) \cdot 16a + 8 : 0{,}5b - 20a \cdot 2 + 16b =$
$80a - 40a + 16b + 16b = 40a + 32b$

Terme und Gleichungen

Terme berechnen

Berechne den Term.

① $162 - 8 \cdot 19 - 2 \cdot 5 + 44 =$ 44
② $17 + 7 \cdot 16 - (6 \cdot 17 - 98) =$ 125
③ $(48 + 3 \cdot 13) \cdot 2 - 74 =$ 100
④ $15 \cdot (17 - 9) - 5 \cdot 15 =$ 45
⑤ $(3 \cdot 10 \cdot 5 - 6 \cdot 18) : 7 =$ 6
⑥ $(9 \cdot 13 - 3 \cdot 5) : (54 : 18) =$ 34
⑦ $(123 - 7 \cdot 12) \cdot 8 - 272 =$ 40
⑧ $19 + 6 \cdot 13 - (7 \cdot 8 + 6 \cdot 3) =$ 23
⑨ $66 - 5 \cdot 7{,}2 + 6 - 16{,}8 : 5{,}6 =$ 33
⑩ $6 \cdot (12 \cdot 2{,}5) - 7 \cdot 16 =$ 68
⑪ $(86{,}2 - 12{,}2 \cdot 6) \cdot (15{,}4 \cdot 2 - 28{,}8) =$ 26
⑫ $(2 \cdot 4 \cdot 19) : (3 \cdot 16 - 3 \cdot 7 - 8) =$ 8
⑬ $153 : 9 - 144 : 18 + (20 - 11) =$ 18
⑭ $(29{,}95 \cdot 5{,}99 + 2 \cdot 4 \cdot 3) : 11 =$ 7

(R) 23   (N) 100   (O) 40   (I) 8
(U) 125   (P) 44   (K) 45   (S) 33   (H) 7
(R) 26   (V) 34   (T) 6   (C) 18   (T) 68

Wie lautet die Rechenregel?

①	②	③	④	⑤	⑥	⑦	⑧	⑨	⑩	⑪	⑫	⑬	⑭
P	U	N	K	T	V	O	R	S	T	R	I	C	H

Lösungen

Terme und Gleichungen

Fehlerhafte Gleichungen

Hier hat der Fehlerteufel zugeschlagen. Suche den Fehler und verbessere.

① $60 \cdot (x + 2) - (152 : 8) \cdot x = 243$
   $60x + 120 - 19x = 243$
   $41x + 120 = 243 \ | -120$ ~~-60~~
   $41x = 183 \ | : 41$ ~~185~~
   $x = 3$

② $3 \cdot 8 - 4x = 8x - 6 \cdot 6$
   $24 - 4x = 8x - 36 \ | + 36$
   $12 - 4x = 8x \ | -4x$ ~~$-4x$~~
   ~~$12 = -4x \ | : 4$~~ $60 - 4x = 8x \ | +4x$
   ~~$x = -3$~~ $60 = 12x \ | : 12$
   $x = 5$

③ $23 \cdot (x + 6) - 15x = 4 \cdot 4 \cdot 2 \cdot 4 + 42$
   $23x + 138 - 15x = 170$
   $8x + 138 = 78 \ | -138$ ~~170~~
   $8x = 216 \ | : 8$ ~~32~~
   ~~$x = 27$~~ $x = 4$

④ $5x + 11 \cdot (x + 10) - 20x = 8 \cdot 14 - 5 \cdot 2$
   $5x + 11x + 110 - 20x = 112 - 10$
   $-4x + 110 = 102 \ | -110$
   ~~$4x = 81 \ | : 4$~~ $-4x = -8 \ | : (-4)$
   ~~$x = 2$~~ $x = 2$

⑤ $4(x + 4) + 12(2 + 3x) + x + 23 = 3 \cdot (8 \cdot 13 - 1)$
   $4x + 16 + 24 + 36x + x + 23 = 309$
   ~~$40x + 4 = 24 + 36x + x + 23 = 309$~~ $41x + 63 = 309 \ | -63$
   ~~$40x + 51 = 309 \ | -51$~~ $41x = 246 \ | : 41$
   ~~$40x = 360 \ | : 40$~~ $x = 6$
   ~~$x = 9$~~

⑥ $(2x + 14 + 4x) \cdot 1,5 - 2x + 5 \cdot (6 + 4x) = 240$
   $(6x + 14) \cdot 1,5 - 2x + 30 + 20x = 240$
   $3x + 7 - 2x + 30 + 20x = 240$ ~~$9x + 21 - 2x + 30 + 20x = 240$~~
   $21x + 37 = 240 \ | -51$ ~~$27x + 51 = 240 \ | -51$~~
   $21x = 210 \ | : 21$ ~~$27x = 189 \ | : 27$~~
   ~~$x = 10$~~ $x = 7$

Terme und Gleichungen

Gleichungen lösen

Welche Zahl verbirgt sich hinter x?

① $2x - 14 + 38 - x + 5x = 42$
   $6x + 24 = 42 \ | -24$
   $6x = 18 \ | : 6$
   $x = 3$

② $4 + 5 \cdot 3x + 6 \cdot 8 - 5x - 20 = 52$
   $32 + 10x = 52 \ | -32$
   $10x = 20 \ | : 10$
   $x = 2$

③ $3x - 12 \cdot 3 + 50 - 4x + 7x = 4 \cdot 11$
   $6x + 14 = 44 \ | -14$
   $6x = 30 \ | : 6$
   $x = 5$

④ $5x + 3x - 6 + 24 - 6 \cdot 2x = 9 \cdot 3 - 3 \cdot 7$
   $18 - 4x = 6 \ | +4x$
   $18 = 6 + 4x \ | -6$
   $12 = 4x \ | : 4$
   $x = 3$

⑤ $7 \cdot 10 + 4x - 35 - 7x = 86 - 42 - 3 \cdot 8$
   $35 - 3x = 20 \ | +3x$
   $35 = 20 + 3x \ | -20$
   $15 = 3x \ | : 3$
   $x = 5$

⑥ $144 : x = 3 \cdot 15 - 19 + 10$
   $144 : x = 36 \ | \cdot x$
   $144 = 36x \ | : 36$
   $x = 4$

⑦ $18 \cdot x = 263 - 9 \cdot 7 - 2$
   $18x = 198 \ | : 18$
   $x = 11$

Lösungen

Terme und Gleichungen

C Gleichungen erstellen

① Welches Rechenzeichen verbirgt sich hinter den Begriffen?

hinzufügen	+
Quotient	(... : ...)
das ...-fache	·
eine Zahl	x
das Doppelte	·2
vermindern	−
Produkt	(... · ...)
so erhält man	=

② Löse mithilfe einer Gleichung.

a) Wenn du das 4-fache einer Zahl von der doppelten Summe aus 15 und 25 subtrahierst und dann die unbekannte Zahl noch einmal addierst, erhältst du das Produkt aus 4 und 12 vermindert um 16.

$2 \cdot (15 + 25) - 4x + x = (4 \cdot 12) - 16$
$2 \cdot 40 - 4x + x = 48 - 16$
$80 - 3x = 32 \mid + 3x$
$80 = 32 + 3x \mid - 32$
$48 = 3x \mid : 3$
$x = 16$

b) Vier Geschwister haben zusammen 214 € gespart. Anne und Maria haben gleich viel gespart, Uwe hat um 18 € mehr als Maria, Tim hat doppelt so viel gespart wie Uwe. Wie viel hat jedes Kind gespart?

Anne und Maria: $x + x + x + 18 + 2 \cdot (x + 18) = 214$
$3x + 18 + 2x + 36 = 214$
$5x + 54 = 214 \mid - 54$
$5x = 160 \mid : 5$
$x = 32$

Uwe: $32 € + 18 € = 50 €$
Tim: $2 \cdot (32 € + 18 €) = 100 €$

Abbildungsverzeichnis

Flasche, Julia:
Schnecke (Seite 45), Kind beim Rechnen (Seite 53, 58, 63)

Frick-Snuggs, Andrea:
Spinne (Seite 13)

Meenen, Nataly:
Schmetterlinge (Seite 48)

Wetterauer, Oliver:
Pizza (Seite 10), Torte (Seite 19), Luftballons (Seite 22, 31), Junge (Seite 32, 39), Füller (Seite 33), Stift (Seite 34), Junge beim Rechnen (Seite 35, 49), Mädchen beim Rechnen (Seite 36, 43, 50), Stellenwerttafel (Seite 40), Fee (Seite 44), Zeigefinger (Seite 47)

Wieborg, Georg:
Junge mit Schirmmütze (Seite 54, 59, 64), Mädchen (Seite 55, 60, 65), Mädchen mit Block (Seite 56, 61, 66)

Alle Unterrichtsmaterialien
der Verlage Auer, AOL-Verlag und PERSEN

» **jederzeit online verfügbar**

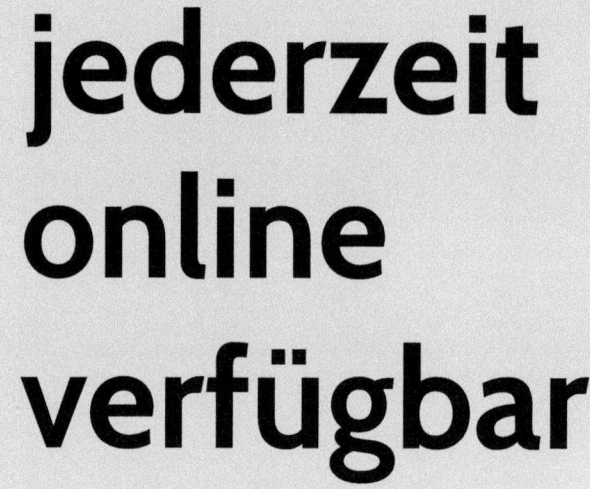

lehrerbüro
Das **Online-Portal** für Unterricht und Schulalltag!